味道的風景

平松洋子

目次

就在那兒的東西

所以才教人在意

久候多時的丼飯

封面攝影協助
東京・中村橋「キャプテン」

攝影　日置武晴
插畫　吉富貴子
設計　島田　隆

隱含在風味之中

風乾
招來美味的變化

星期四早上，有個小包送到家裡來，我翻過背面確認寄件人的姓名，看到熟悉的字體，原來是時常寄美味食品來的那位朋友。會是什麼呢？我半是期待半是驚喜，兩種情緒交雜著，催促我手上的動作。在確認裡面的東西之前，早已開心了起來。

一打開，看到保鮮袋裡裝了滿滿的、約有中指長的新鮮沙丁魚乾。一旁的紙片寫著：「這是去千葉縣房總旅行時，於早市發現的；實在是太引人食指大動，便忍不住買了。請配溫酒一同享用。」不愧是愛好日本酒的男子，一定是想到酒的美味而管不住那好吃的食指，我臉上也浮起微微的笑意。

現撈小魚做的魚乾新鮮得沒話說，銀色魚鱗亮晃晃的，氣勢十足地一路從頭延伸到尾端。從海裡撈起的那一刻便沐浴在陽光與海風之中，才成就出這極上美味的小魚乾。

我根本等不到傍晚，明明才剛吃完早餐，馬上就烤了一條來吃。才放在網子上剛開始烘烤而已，海潮的香氣與濃厚的油脂香便一起爆了出來。一早就敗給了沙丁魚的生命力，心底湧起了想喊出「喂！酒啊！拿酒來啊！」的衝動，但我還是強自忍耐，直接站在廚房裡挾起魚乾咬下一口，明明是這麼小小一尾，卻讓我的口中充滿密度極高的濃郁味道，甚至可說是濃烈到亂來的地步。

果然就如對方所料。

於是我又想，再曬乾一點不知會怎樣。

剛才那一口反映了它過去所吸收的日光與海風。

經過乾燥之後，比起新鮮的原味，甘醇之味大大地增厚了。水分散失之後換成別的風味跑了出來，更加突出。一旦這麼決定，便覺得今天有如初夏般強烈的日照都是為了這沙丁魚乾而來的。我將視線投向早上才在庭院裡曬著的衣物，它們正享受著日光浴，看上去非常舒服。於是我將對摺再對摺、成了四分之一大小的報紙放到棉被上，上頭再擺上以竹篩盛著的小魚乾。外頭正吹著舒爽的風，雖然也想就這麼放到外面，可想到要是被每天早上十點半之後就會橫跨我家庭院而去的貓兒們給叼走，我一定會很不甘心，還是搬到屋內，找個日曬良好的窗位放吧！

於是，這一天變得十分美好。沒想到只是一個「風乾」的動作，竟可讓日子變得如此豐足愉悅。而且正因為是放在屋內，才有這樣的趣味。很容易在奇怪的事情上分心的我，讀沒兩頁書就走近去觀察沙丁魚的狀況。在過了太陽正大的午後兩點，我驚喜地張大了眼。沙丁魚全身曬足了陽光，正自銀鱗的深處緩緩滲出透明的油脂。我像是看到了什麼不該看的東西，心緊縮了一下，感覺像是親眼確認了「風乾」這個動詞的現在進行式。

那天傍晚，我買了東西、逛了書店，將該做的事都做完一輪之後回到家，屋裡像是被沙丁魚風暴掃過般都是它的味道。原來，「風乾」這件事是如此教人愉快。

時鐘的針滴答滴答走著，守護朝著某個方向兀自進行的每一件事情度過一天。那天晚上，我就照著寄來沙丁魚的友人之指示，溫了一壺酒來配。不過是多曬了半天，竟然又比早上吃的時候味道更加濃郁，我忍不住張大了眼。當然，酒也是一口接一口停不下來，真糟。風乾之後，有好事降臨。

夾

智慧與功夫的產物

只是一個「夾」的動作就能讓整個世界大翻轉的，就是小黃瓜三明治。

小黃瓜。

吐司。

都是非常普通的食材，然而吐司烤成焦黃色後，擺上切成薄片的小黃瓜，對摺夾起，只消一個動作，新世界便誕生。比起火腿、可樂餅、煎蛋，夾在吐司中還能清楚展現其鮮豔之姿的，唯有小黃瓜。儘管受到夾擊仍不減其爽脆鮮度，令人敬佩。

第一次對於夾起來的美味感到興趣，是在小學四年級的營養午餐時間。有天，坐在我隔壁的男生將餐包縱向剖開，在攤開的兩面上擺了配料後，再夾起來吃。在當天的午餐值日生帶領大家唱著《我要開動了》時，這個男生（忘了他叫什麼名字）已經一手拿著餐包，一手以湯匙的前端插入餐包，一推一拉，切出一道空隙，沿著空隙仔細掰著，攤開來，餐包便成為細長的白色蝴蝶狀。他在其中一面塗上乳瑪琳，放上糖醋肉、炒時蔬、筑前煮[1]，什麼都夾進去，平均地擺好後將餐包的另一面蓋上，輕輕地壓一下，讓配料的醬汁稍微滲入麵包中，這一點很像是聰明的他會有的智慧與小功夫。

「為何要這樣做？」

我問。

他的回答也很簡潔：「這樣可以很快就吃完。」

快點吃完營養午餐，就可以多點時間去外面玩耍——這是小學四年級男生的生活與信念。

於是，很快地班上就流行起這種吃法。將餐包握在手中，一口咬下的豪邁似乎很得男生們的心，每個人都爭相學起這種夾起來吃的作法。老師雖然一臉嫌惡地認為「實在是吃沒吃相」，但並沒有開口禁止。

我也跟著有樣學樣。我永遠忘不了將龍田炸鯨魚塊[2]與高麗菜絲一起夾起來吃的味道。昭和三十九年（一九六四），當時炸鯨魚塊是營養午餐常見的菜色，一口咬下炸得酥脆的厚麵衣，鯨魚肉的味道在舌頭上一下散開來，大大地刺激了食欲。一旁附的高麗菜絲也跟炸魚塊很合拍，大家都滿心期待著一個月登場一次的炸鯨魚塊。

但是要像男生那樣將整個餐包抓起來啃，實在覺得有點丟臉，只好捏下三分之一長的餐包，剖開，夾兩片炸魚塊，深怕魚塊會掉出來，緊張地用力握住。

真是好吃到想仰頭大喊：「天吶！」只不過是夾起來吃，味道竟然放大、加深了好幾倍。到剛剛那一刻還是看起來很普通的餐包以及和平常沒兩樣的炸魚塊，怎麼搖身一變如此地美味大升級，簡直就是另一種餐點的味道了！好傢伙，真有你的！

嘗過那種味道的我，在家吃早餐時，也開始會用吐司夾火腿、小黃瓜來吃。烤過的吐司放上火腿或小黃瓜，一口氣對半摺起。一摺起，便湧出過剩的占有欲，只因這緊緊一握的動作。

至今，夾起兩種食材的時刻還是令我欣喜。蓮藕與絞肉，煙燻蘿蔔搭奶油起司，烏魚子配白蘿蔔，白菜與豬肉，高麗菜與培根。夾起時，輕輕地壓一下，讓彼此的味道相融，整體更加密合。那一瞬間，全身流竄過一股快感，忍不住嘻嘻笑了出來。一夾起，尚未入口，就已是美味。

譯註

1 筑前煮起源為九州福岡一帶的鄉土料理，現已是以當季根莖類、蔬菜與雞肉或豬肉一同燉煮的家庭料理。

2 龍田炸是將肉類先以醬油醃漬入味後再裹粉油炸的烹調法。

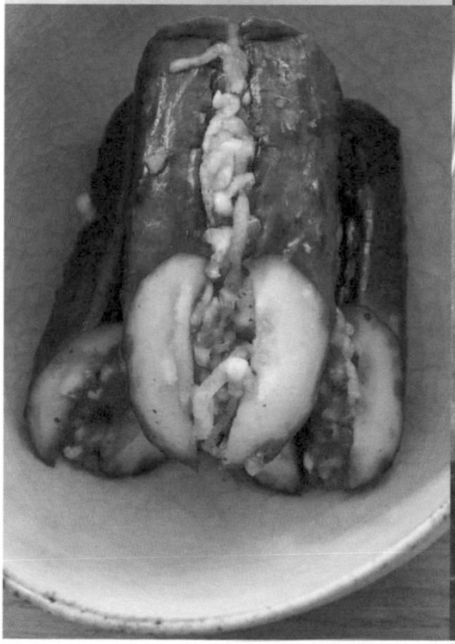

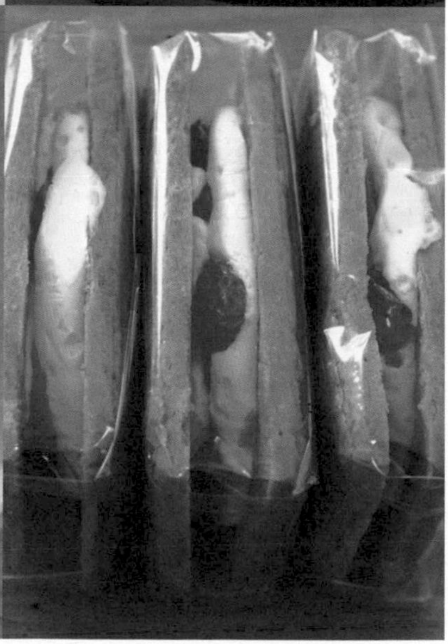

咀嚼

盡是好事

出門在即，想速速解決一餐，便隨手抓了身邊有的東西湊合。吃剩的馬鈴薯歐姆蛋、香蕉、酪梨、優格、一小塊高達起司（Gouda Cheese），坐上廚房的椅子囫圇吞完之後，便從家中飛奔而出，但心中卻有微妙的不滿足感。好不容易趕上巴士，喘了一口氣沉靜下來，回想剛才的那一餐，驚訝得說不出話來。

（剛吃的淨是些不必咀嚼的食物。）

全是些即使沒牙也能吞得下去、軟不溜丟的東西。但同時，我也感到一股安心，好在我的腦子還會告訴我，光吃軟食是不能滿足的，牙齒還是需要可以啃、可以咬的食物。

在公車裡搖搖晃晃之下，我憶起某高級料亭的店主曾這麼說過：

「我們的客人以年紀大的人為主，因此端出來的料理多會是柔軟好吞嚥，飯也煮得偏軟，鮑魚、竹筍等較硬的食材也會特地煮得久一些，刀工也特別下工夫做得細些，若是年輕的客人，我們就會事先說明，口感上可能無法得到滿足，得要多多包容。」

店主最後還補充了一句：「說到底，供應軟食已成為我們的經營方針了。」確實我有朋友曾私下說：「那間店好吃是好吃，但吃完之後，感覺好像沒吃什麼。」我想原因就在此吧！

人的咀嚼能力年年不斷減弱，牙齦會隨著年紀增長而衰老，只有這件事是上天平等降予每個人的，因此我總希望在還有力氣嚼東西的時候，盡可能地善用牙齒。一口咬下，確實咀嚼，這個動作會用到臉頰的肌肉，進而刺激腦部神經，分泌出唾液，幫助消化，也帶來滿足感。越嚼好處越多。

然而，若說要達到確實咀嚼，其實需要一番努力。只要試試看，便知道我的意思。即使下定決心要「一口嚼三十下」，也實在很難做到。在吃粥或喝濃湯時就算刻意先嚼過才入喉，但喉嚨會忍不住想將食物吞下。「吞」這個動作便是吃的快樂來源之一。大約嚼個十下就得開始抵抗「想要一口吞下的誘惑」實在辛苦。

不過，伊賀的硬燒仙貝倒是很會給人釘子碰。它不愧是作為伊賀忍者隨身攜帶的食品，若想徒手掰開，不管如何用盡心力，它依舊是聞風不動、堅若磐石，用牙齒啃，看似行得通，卻連一點碎屑都沒掉下來。明明我再怎樣也算是肉食動物，卻拿它一點辦法都沒有。說到這兒，據說下顎最有力的動物前五名依序為①尼羅鱷　②大鱷龜　③獅子　④大白鯊　⑤斑點土狼。吃下一塊肉還會因為「好軟好嫩」感動不已的人類不知排在第幾名，真教人感到無力。

但是不論什麼機能，若是不去用它，就一定會越來越不好用。是以，我不時發憤圖強，將手伸向越嚼越有味的東西，鞭策激勵自己的牙齒。舉例來說，蔬菜類的就吃牛蒡、蓮藕，生的紅蘿蔔嚼得咔啦作響。魚貝類的話就吃烏賊、章魚、干貝唇，或是乾貨類的干貝柱、鮭魚乾、鱈魚乾、魷魚乾。

要試試下顎力氣還剩多少，最好用的除了魷魚乾不做他想。可別小看它，外表乾乾癟癟、弱不禁風的樣子，要比韌性，恐怕無物能出其右。如果咬得不夠力，馬上嘴裡就會傷痕累累。要是感到挫折而中途就直接吞下又難消化，在肚子裡可會鬧得你受不了。魷魚乾擺明就是來挑戰你牙齒的實力。

所以想要趕走睡神時，可以立即見效的據說不是口香糖，而是魷魚乾。因為得要讓臉上肌肉用力，為腦神經帶來強烈的刺激而產生提神效果。不過，說是這麼說，想睡時若是在搭車又不能升起火爐來烤，就算是在可以烤的地方又免不了臭氣升天，要擔心的事還真不少，但我仍建議將魷魚乾列為外出常備品，隨身攜帶，您覺得如何？

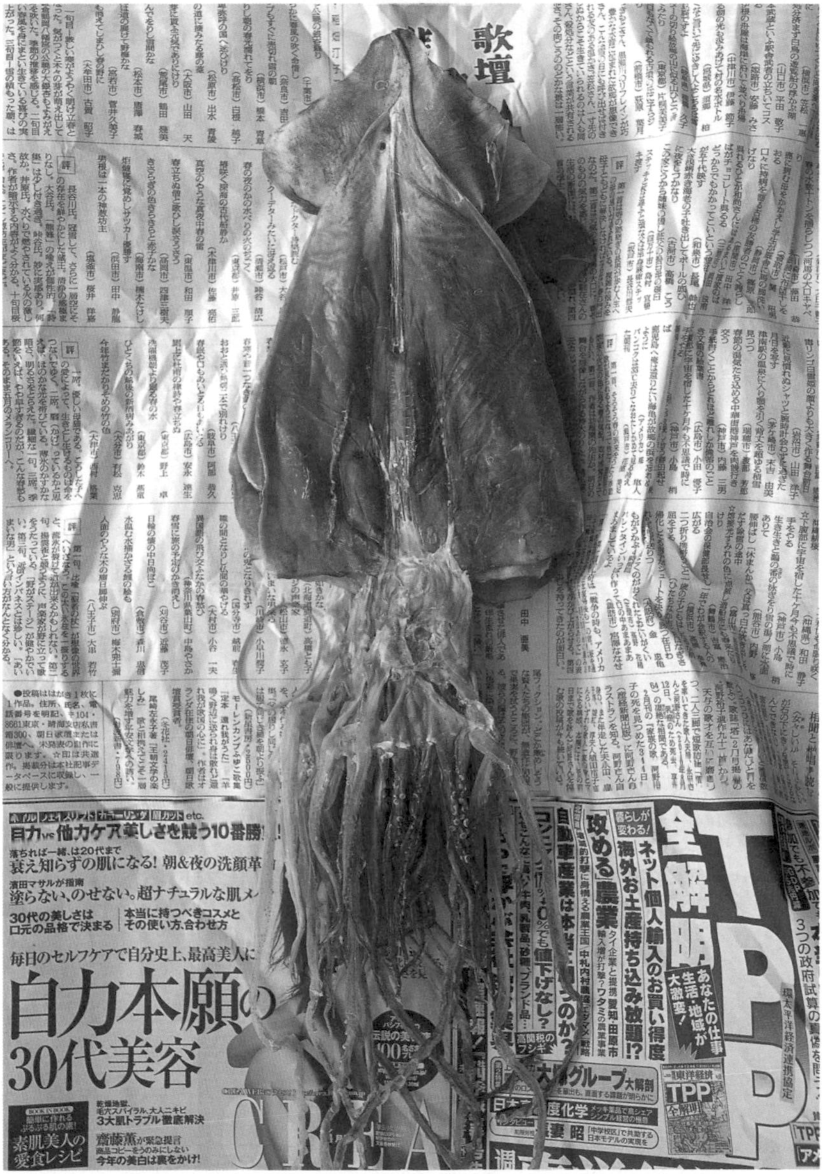
歌壇
自力vs他力ケア美しさを競う10番勝
落ちれば一緒、は20代まで
衰え知らずの肌になる! 朝&夜の洗顔革
濱田マサルが指南
塗らない、のせない。超ナチュラルな肌メ
30代の美しさは
口元の品格で決まる
本当に持つべきコスメと
その使い方、合わせ方
毎日のセルフケアで自分史上、最高美人に
自力本願の
30代美容
乾燥地獄、
毛穴スパイラル、大人ニキビ
3大肌トラブル徹底解決
素肌美人の
愛食レシピ
齋藤薫が緊急提言
商品コピーをうのみにしない
今年の美白は裏をかけ!
暮らしが変わる!
全解明
TPP
あなたの仕事
生活・地域が
大激変!
ネット個人輸入のお買い得度
海外お土産持ち込み放題!?
「攻める」農業
自動車産業は本当
値下げなし?
3つの政府試算
環太平洋経済連携協定
大塚グループ大解剖
TPP

擰

手下留情

說到這件事，恐怕又會被笑「拜託幾百年前的事了，別拿出來說」，但想到此篇的主題時，我忍不住將兩者做了連結。話說以前的泳衣很重，不僅布料的材質厚重，也很會吸水，相較之下，近來的泳衣性能實在太強，除了薄到不能再薄之外，最重要的是本身的材質不太會吸水，每次穿都確實感受到開發技術的日新月益，讓人有了彷彿穿著太空服的心情。

小時候總是很不習慣泳衣的沉重，每次游泳完到了上岸休息時間，一聲「全體上岸」的哨聲響起，我們便爬上岸邊，然後立即感受到泳衣的沉甸甸。厚實的布料又吸取了大量的水分，緊緊黏在身上。

吸了水分的泳衣不敵地心引力整個鬆垮，一個勁地往下掉。男生的泳褲鬆脫，露出白皙的屁股，女生的連身泳衣則是胸口處縫上白色號碼牌與泳衣之間積了大量的水。以前的泳衣就像是海綿似的，非常保水，就算理解它本是如此，完全束手無策，還是有種奇妙的感覺揮不去。所以對盛夏的記憶就是酷熱的太陽下，游泳時間結束下課回家的路上，手上提著裝著泳衣的防水袋之重量以及全套泳具。也許有人會說，怎不用力把水擠乾？這麼做其實會傷害到布料的纖維，使其斷裂或鬆弛變形。說到底，原本材質的性能就已不佳，胡亂地用力太擰，壞得更快。

在廚房裡的事也一樣。要擠乾菠菜等葉菜，意外地還頗要求技術。特別是涼拌菜，這道菜好吃與否，幾乎就取決於擰去水分的手法。要是徹底擰乾了，吃來便索然無味，但若施力不足，又溼糊糊的。這道菜的美味要訣就在於得去除多餘的水氣，又要保有適當的水分——嘴上說得簡單，要做得恰到好處可非常困難。

最近，有個機會去一家由一名年輕女性開的居酒屋嘗鮮。一入門便看到涼拌豆渣、甜煮牛蒡、滷馬鈴薯等家常料理大器地盛在大盤子中並排在吧台上，掀起暖簾走進門來的第一眼，便讓人心情沉穩，可以理解為何剛開不久就已有不少男性成了常客，我邊這麼想邊點了甜煮牛蒡、涼拌菠菜與啤酒。

喝了一口啤酒潤潤喉後，首先將筷子伸向涼拌菠菜。咦？怎會這麼硬？葉子緊緊密合硬得像樹幹似的。以筷子用力撥散開來，挾一口往嘴裡送，說是吃了一口菠菜，其實更像是吃了一口綠色無味的紙般乏味。

我忍不住在心中吶喊「啊啊！」，一定是擰過頭了。為了讓這道菜呈現完美的筒狀，毫不留情地用力捏緊。唉，又不是在做工比力氣。我忍不住小聲地叨念了起來。

涼拌豆渣與甜煮牛蒡也一樣令人遺憾。味道中透露出做菜的人不知是因為緊張還是不熟練，料理本身直白地呈現著自己是看著食譜照表操課做出來的。我無意拿成熟的小餐館女店主來比較，然而二十出頭的居酒屋店主看來還有很多課題待修，我只能在心中搖旗吶喊替她加油了。不過看到吧檯前坐滿了男客，一個個笑顏滿開地斟著酒配菜，說不定我的擔心是多餘的。

要離開時我突然想到，平常洗衣服若為了讓衣物快點乾而用力擰，一定會傷害到衣料。可以不用擔心、盡情擰乾的，大概只有抹布吧！

切口

緊張的一瞬

萬事萬物要看切面。切什麼，怎麼切。抓好角度、一刀兩斷，一口氣切到底，內容物便一整面地展露出來。有時會呈現出意料之外的真相，就在眼前頓然撥雲見日。

砧板上也有同款的爽快感。菜刀切下，與前一秒為止的形象「貌異實同」的斷面於是出現。切開蓮藕，孔洞百出；切開青椒，「外強中空」；切開葡萄柚或八朔[1]，堅硬的球體之中滿盈著果汁。一刻不離地凝視著下刀處，心情莫名騷動到背後汗水直流。

有些東西要切開才能理解，切了之後才讓人安心。若要舉例，必得說那兩大巨頭：瑞士卷及壽司卷。

兩者乍看之下都是長長的棒狀、笨重的圓筒形，但是一刀切下，見了它展現出來的斷面……，哦哦！咖啡色的棒狀內側是可愛的白色漩渦，黑色棒狀的裡面擠得滿滿的餡料構成繽紛色彩，看了都忍不住微笑。

這樣讓人安心的切口還有很多，比方說栗子羊羹。切開之前，只見一條咖啡色的棒狀讓人隱約感到一抹的不安，然而從斷面驚見金黃色栗子的模樣那一刻，胸中的擔憂一吐而出，終能放下心來。好在有你啊！太感謝了！代換成其他，也還有很多完全得靠斷面來決勝負之物。比方說，蛋糕與三明治。本來應該看不到的內餡，切開來大方呈現，果敢地出來見客，非常勇敢。

斷面越是乾淨俐落，越是將內容表露無遺。但若是將人家不想看的東西硬是露了出來，那可是罪大惡極。

以前，我曾有幸在飛驒地方的深山之中，見識到木工要鋸下樹齡近百年的檜木之瞬間。雖然我只是個旁觀者，但那一刻，真是教人激動得全身震顫。畢竟採伐下來威風凜凜的一整棵大樹所取得的木材價值數千萬日圓，與金塊無異。要是下刀的位置或角度有個差錯，可是損失慘重。更別說千辛萬苦砍下之後發現裡面早已被蟲蛀光，價值可就會一落千丈。那些屏息仔細以雷射光線照射，小心翼翼地調整著鋸刀位置的男人們，都有著賭徒的氣魄。終於刀落樹倒，一翻兩瞪眼的斷面散發出檜木的香氣，完美的年輪出現於眼前的瞬間，這些賭徒們終於放下心來的眼神，我至今難忘。

要面對切口當下的心情有如站在崖邊，命懸一線般的緊張，所以也有不想面對的切口。肉包、煎餃、草莓大福……，這類會讓人興奮感全失反而招來哀愁，毫無驚喜可言的切口實在是不看也罷。也是有這種不用什麼都知道、相見不如不見的狀況。

可是，要是站在被切物的立場來看又是怎樣的心情呢？就算最後都是要袒裎相見，也還是想要保有神祕感，最後切開時才讓人有驚喜感。這麼一點新鮮度還是必要的。

譯註

1 一種皮厚肉多的橘子，水分多，甜而後味微苦是其特色。

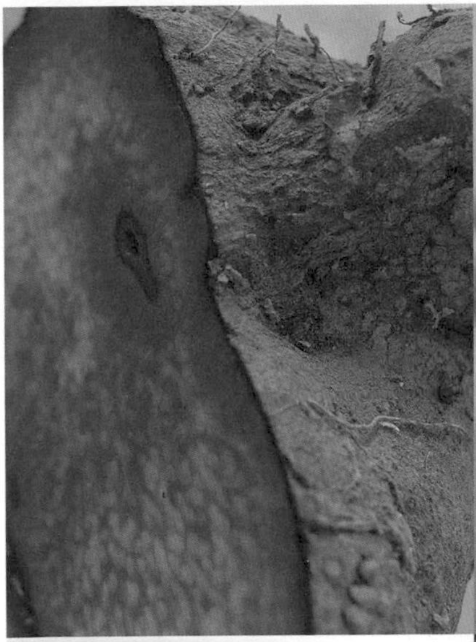

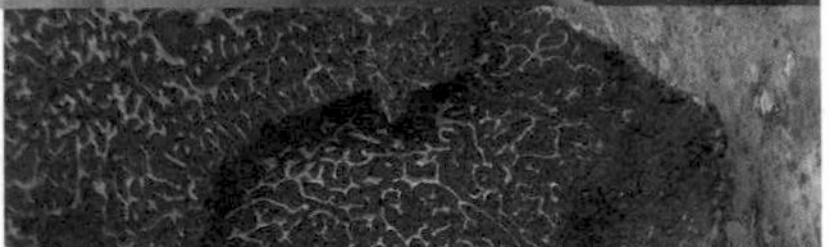

調淡

操控濃度

有件事如今已是理所當然，但當初我第一次知道「要做冰茶時，得把紅茶泡得較濃，再加冰塊」時，心中感到很大衝擊，有種被事先預算好結果的發想給「一棒打醒」的感覺。

過去也曾有過類似的衝擊經驗。忘了那是在讀國中還是高中時，有一年夏天，有位同學帶的水壺裡裝了冰麥茶，令人訝異的是，那冰麥茶是事先將麥茶倒入製冰盒後放進冷凍庫製成冰塊，然後將麥茶冰塊塞滿水壺，到了中午，搖一搖水壺，半融化的麥茶之中，還有冰塊浮動，撞上水壺，發出哐噹哐噹讓人跟著心沁涼的聲響。以前的水壺保溫效果不像現在這麼好，反而可以藉此使冰塊慢慢融化成茶水，真是有智慧的好辦法。

在正午的校園之中喝著冰涼的麥茶，只是這樣的小事便已夠享受，每個同學都羨慕不已，回到家也央求母親這麼做，麥茶冰一時在班上蔚為風潮，後來又經由同學們的兄弟姊妹傳到全校，隔年夏天麥茶冰便已成了常識，我們親眼見證了一則傳說的誕生。

也因此，在外帶飲料店點了冷飲，看到內場人員將大量的冰塊一口氣「咔啦」地裝得滿到杯緣，再倒進果汁等飲料時，我總忍不住在內心「啊！」地暗叫一聲，偷偷吶喊著「這樣喝起來會很沒味啦」，但當店員小姐笑容滿面地將飲料遞上來說聲「請用」，我便對自己的器量狹小感到羞恥。看到別人可以斷然地說出「少冰，謝謝」，這種態度令我肅然起敬。

說到濃淡，在講酒的時候不說「調淡」而用「兌水」這個字眼，聽起來馬上就有了高級的感覺。可是如果是在正統的酒吧裡聽到年輕人點「水割」，可是會被那些喜歡展現自身學識、愛說教的客人以無言之矢攻擊。

（好酒怎可以兌水喝，真的很不懂耶，至少也要純飲／on the rock，最差也還有 half rock 的喝法。）

在加了冰塊的玻璃杯注入威士忌的喝法即為 on the rock，一樣加了冰塊的玻璃杯注入威士忌與等量的水或碳酸水則是 half rock，還有不加冰塊，只以威士忌與水一比一兌的喝法稱為 twice up。標準雞尾酒的作法之中，也有一種是在放了冰塊的水裡緩緩注入威士忌，使其在玻璃杯中產生漸層的飄浮威士忌（whisky float），總之就是利用冰或水，自在操控濃度，引出隱藏在酒中的甘醇與芬芳之技術，與「調淡」是不可等量視之的行為。

因此，不管是威士忌也好，燒酎也好，在喝酒的場合要是不小心將「調淡一點」衝出嘴，可是會被烙上「說到底是個不懂酒的傢伙啊」之印記，可是非常危險的。

然而在法國等地旅行時，親眼目擊了酷暑之下，有人在紅酒杯中哐噹丟進大塊的冰塊、冰涼暢飲的模樣，不知為何讓我感到安心且開心。酒就是要讓自己喝來開心的嘛，依照當下的心情愛調淡就調淡，可是堂堂的一種生活功夫。

浸泡
盡情耽溺

「還少八十五圓。」

我站在便利商店的收銀台前遞出一張千圓的大鈔後，呆呆地站在那兒等著找零，打工的店員小弟一臉詫異地直盯著我這麼說。終於回過神來的我趕緊打開錢包低頭猛挖零錢，羞愧得滿臉通紅（每次沉醉在自己的世界之中，總是會樂極生悲）。話說回來，其實讓我陶醉的也不是什麼大不了的事，不過就是前一刻享受到了影印幾張尺寸不同的資料竟然可以毫無失誤地一次成功，難得的成就使我得意不已。「哼哼！我也是可以的嘛」，因而心情大好，闊氣地將礦泉水、優格等一逕地往購物籃裡放。開心地沉浸在滿足感之中，真的會湧現一股毫無根據的自信心。

說到浸泡，第一要件就是要充分、充足。舉例來說要將乾貨泡水還原時，如果水不夠、時間不足，最後一看結果可是會讓人想哭的。

比方說浸泡黃豆。原本硬得像個小石子般緊緊閉合的黃豆，經過一夜，吸了驚人的水量之後整個膨脹開來。要是給的水量不足，隔天早上就會看到豆子在盆中擱淺，真是太對不起它們了。說到底所謂的浸泡就是要吸收必需的水分，讓食材從沉睡之中甦醒，往下個階段邁進的前置作業。海帶芽、羊栖菜、香菇乾、葫蘆乾、凍豆腐、蘿蔔絲。如果不想事後後悔，一開始請讓它們盡情地泡在大量水中。在泡車麩時，上頭可以壓上一個盤子。乾貨順利吸收水分的過程就像海棉吸水，會慢慢釋放出原有的美味。

最不可大意的對手便是法式吐司。將法國麵包切下厚厚的一片，花時間讓它浸泡在加了牛奶的蛋液裡慢慢地含進麵包體，當它吸了大量的蛋液之後便可以熱平底鍋，丟進一塊奶油到鍋中融化後，吐司下鍋煎至兩面金黃，熱騰騰地移到盤中，淋上濃稠的蜂蜜，幾乎抑不住胸中的雀躍將刀叉往鮮豔動人的法式吐司切下一刀……。

咦？

刀子的前端傳來奇妙的觸感。啊啊！又搞砸了。將視線落至斷面處，果然中央有一層仍生白的麵包質地，見此怎不讓人意志消沉呢？原來蛋液還沒滲透啊！事到如今，後悔也無濟於事，只能悶悶地將它吃下。

不過也有泡了之後為食材注入活力的時候，就是將蔬菜浸在冰涼的水中。將蔬菜放入大量冰水裡浸泡一會兒，便能變得清脆爽口。光是這麼一個小動作，不論是生菜還是香草都能恢復元氣，當然做出來的沙拉也特別美味。

浸泡，很容易就被認為是個無聊的過程，其實完全不是那麼一回事。浸泡是游向寬闊海洋的另一岸，在那裡有全新的世界張開雙手在等著「快過來吧」。

膨脹。

飽滿。

變大。

在浸泡著什麼的時候，總讓人懷抱著遠大的夢想，喚起希望而跟著心寬體胖。

紅色
日本人的節慶象徵

每年初始固定會出現的話題之一，就是黑鮪魚開市競標的新聞。自從二〇〇〇年的新年一條黑鮪魚拍出近二千萬日圓的天價以來，每逢這個時節，世人都自動聚焦於此「今年又會賣出多高的價錢呢？」就算知道會變成眾所矚目的焦點，暗自猜測著今年會飆到什麼程度，然而當新聞報出是兩百公斤的黑鮪魚以一億五千萬日圓得標時，還是嚇得說不出話來，忍不住要想這根本超出了「討個好彩頭」的範疇，早已成了行銷廣告費來撒了。

另一方面，也偷偷地幻想起來。

如果，黑鮪魚的魚肉不是紅色的話……

不不，黑鮪魚正因為是「紅肉」才會有那樣的滋味，而且雖然都是紅色，背側的瘦肉（赤身）與腹側的油花（トロ）顏色還是不同的。明知道是幻想，還是忍不住要亂想。假如鮪魚不是一身紅肉，每年開春時就不會如此受人注意了吧？人們還會執意「今晚真想來個鮪魚壽司吃到飽」嗎？

可以徹底動搖人心的，便是被稱為「紅」的顏色。受它影響的方式有很多，有時是激勵人心，有時讓人感到雀躍，或是讓人精神百倍或熱情滿溢。雖然只有那麼一次，但我曾經收過一大束紅玫瑰花。當那花束送到我家，我伸出雙手抱滿懷時，被那實在的重量、多到足以遮住我視野的一片紅色撼動了。當下一種自己成了故事主角般的亢奮流竄全身（雖然那不是異性送的）。如果是黃色或淡紫色的玫瑰，一定不會有這種感覺。沒有比紅色更適合喜慶之時的顏色了。

充分反映這種心情的就屬紅漆器皿了。從繩文時代前期的遺跡之中便已有紅漆器皿出土，就連《源氏物語繪卷》的繪圖之中也可見喜慶之時，王朝貴族們使用紅漆器物的模樣。到了江戶時代，庶民也會在特別的節日使用紅漆器皿，紅色不僅有避邪之意，同時也約定俗成地化作象徵喜事的普世價值。

之後漆器——根來塗，又更進一步，果敢地踏入紅色境域。在木胎的第一層以黑色打底，外層再上一層朱漆。隨著使用次數的增加，外層的朱漆漸漸因摩擦而磨損，底層的黑色質地因而若隱若現。這原本是十二世紀創建於紀州的根來寺傳來的上漆手法，然而後來的演變使得根來塗在概念或設計上與原形漸行漸遠，就連偶然出現相似圖案的例子都沒有。近來，還有人把它拿來與馬克・羅斯科[1]的抽象畫放在一起展出。

有紅才有黑，有黑才得紅。紅色雖具驅邪之功能，但它本身說不定是個包含了正與邪之一切的顏色。這麼一說，我忍不住聯想到煙燻鯨魚、醋漬章魚的紅。它們刻意被染上的正紅表面，對我頻送秋波，「我可是很特別的，見到還不心懷感激？」當然，對於鮪魚的紅我們也是永遠無法抗拒，早自繩文時代開始，日本人就已對紅色產生反應一直持續至今，幾乎內化成一種反射本能。

譯註

1 馬克・羅斯科（Mark Rothko），俄裔猶太人，後歸化為美國人，超現實主義畫家。

水滴

也是美味的一分子

以分量來說，真的只是小小一滴。然而這一粒米般的一滴從無到有、成形所需的時間，比想像來得長，落下時的比重意外地大。

我是在某個細雨霏霏的日子裡，無所事事望向庭院中的樹時發現了這件事。小雨降臨於葉片上，順著葉脈聚積在一起，一點一點地積累成水滴形，漸漸地變圓、脹大，最後才終於咚地一聲落下。一滴落便轉瞬消失無蹤的極小水珠，原來是經過長長久久的蓄積而成的。不僅如此，順著水珠滴滴答答不斷滴落的路線望去，啊!?才發現下方穿透出深到讓人瞠目結舌的洞穴，或是在地上形成一個大水窪。看來是不可小看那一滴滴的小水珠。

鍋蓋內側積蓄的水珠也是一樣，我會嚴陣以待，讓它們一滴都逃不了。

「水珠也是調味的一環。」

每回蒸煮蔬菜我都會念著這句，若不一直一直念著讓自己都快聽煩了，就會忍不住想要開大火，結果便是後悔莫及，欲哭無淚。得緊盯著火爐上的厚重鍋子底下，小心翼翼地用著細細的小火，如此才能從紅蘿蔔、牛蒡、白蘿蔔等根莖類，到小松菜、菠菜等葉菜類，都悠哉地泡著澡，盡情地冒汗，水蒸氣碰上鍋蓋變成水珠滴下，積留在鍋中。鍋裡便成為滿布水霧的溫泉狀態。水蒸氣的熱能蒸得蔬菜的美味源源不絕地冒了出來，嘗一口便知，那美味有多濃郁、深奧、甘美。水珠是這一切的最大功臣。從以前開始我就很希望食譜書裡的食材列，能在最後多加一行「水珠　大量」，不知大家覺得如何？

燉煮時，水珠既是調味料也是食材。有好幾次覺得都快煮過頭、太乾了，每每都是掀開鍋蓋滴落的水珠救了整鍋的菜。做煎餃之類的菜時，鍋蓋滴下的飽滿水珠甚至讓我覺得就是將料理煮熟的烹調器具。

想到水珠時，總會聯想到一部隨筆集，即正岡子規的《墨汁一滴》。

在過世的前一年，明治三十四年（一九〇一），臥病在床的子規想到以「墨汁一滴」為題來寫作，因而寫成了長則二十行、短則一、兩行的文章。內容有的是他抄下在報章雜誌讀到的文章或詩歌，騷動的心情、過往的回憶等，從該年的一月十六日至七月二日，除了四天之外共一百六十四回，懷著批判精神、筆鋒銳利地寫下他每日的墨汁一滴。其中也可見對食物的記述。意外衝擊人心的竟是他連綿羅列了諸國著名的美味。然後讀到這篇時，令人心疼得忘了呼吸。

「（前略）一切的樂趣、一切的自由盡已從余之身剝奪而去，僅僅殘存一種樂趣與一種自由，即飲食之樂與執筆之自由。然而時至今日，局部的疼痛劇烈到執筆的自由也幾乎要被褫奪，而腸胃日漸衰弱也使得飲食之樂大半失守。啊啊！剩下的日月該以何為樂才能度過呢？（後略）（三月十五日）」《墨汁一滴》（岩波文庫）

之後子規還這麼寫道。就算只有一天，二十四個小時也好，「讓我身可以自由地行動，貪婪地大吃吧」。靠著這一滴、一滴、每天的一小滴墨水串起的，是子規對自我生命之鼓舞。

那小小的一滴水若是輕輕一吹一下就消逝無蹤，然而涓滴之水累積起來也可以成為決定風味的基礎，甚至是成為生命之泉源。

美味的泉源

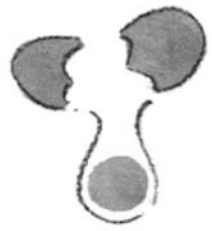

竹輪、魚板

不動聲色的強韌黏性

在咖哩中發現竹輪時，我真是大受衝擊。湯匙裡滿身裹著黃色咖哩醬、斜切成塊的竹輪，毫不客氣地彰顯著自己的存在感，與其說是出人意表，更貼切的形容是讓人腦中一片空白。

「一般會在咖哩裡面放竹輪嗎？」

我怯生生地向友人們提出疑問。

「嗯，會啊！有時一年裡總有一、兩次會以竹輪取代肉，放到咖哩裡去煮。意外地還挺搭的。」

朋友進一步說明是學生時代想到的省錢撇步，我聽了安心感油然而生。原來是為了省錢、節約，若是這一類的緣由而產生的點子，我完全可以理解，否則，我與竹輪的關係恐怕會崩解。我很希望竹輪能一如往常地，繼續作為我可以駕馭的食材。

竹輪不知該說是沒有個性還是無須費心對待，總之就是很好料理。它就像是熟悉的鄰家阿婆，讓人可以完全輕鬆地面對，真是偉哉竹輪！就算在中間的空洞塞進小黃瓜，它也無所謂，甚至讓你感覺「啊！謝謝你還想到這招可以利用空間，真是太開心了！」，即使在它身上塗滿美乃滋，它仍能一臉笑咪咪，非常了不起。

不論是將它用來填補便當裡的空隙，還是做成一碟下酒菜，甚或是覺得菜色不夠豐盛而臨時抓來代打，它隨時都能鎮定登場，且絲毫不讓人感到突兀。不過要說它沒有存在感，又不是那麼回事。啃完一整根竹輪，可是意外地飽足。它彈牙軟Q的口感，似有若無，孕育出一種神奇的滿足感。便宜又實在，十分好用。

說到軟Q的口感，魚板也不惶多讓。可不知是因為它緊緊吸附著板子的關係，還是極為細緻的肌理所致，魚板總散發著一種奇妙的緊張感，比方說蕎麥麵店常見的小菜「板山葵」[1]，給人的感覺便是簡潔、俐落、不拖泥帶水。若是紅白魚板，更帶著喜氣，是除夕年菜的重箱裡頭固定的菜色，貴氣而討喜，明明與竹輪都一樣是魚漿製品，卻完全不同等級。

鱧魚（狼牙鱔）、鱈魚、狗母魚、白姑魚（白口）、飛魚、蝦虎魚、鯛魚……，魚漿製品是將這類白肉魚磨成泥後，或蒸或水煮，使其固定成形之物，有的也會在最後稍微燒烤上色。中空、細長棒狀，有如望遠鏡的是竹輪；另一方面，魚板則有各式各樣的種類、形狀與名稱。炸過的魚板，在關東稱為薩摩揚，關西則叫天婦羅，有些地方以炸魚餅喚之。有些是以形狀來命名，如模仿竹葉造形的便叫竹葉魚板。此外還有做成富士山、松竹梅、水引（繩結）等吉祥造形的紅白魚板，或是與昆布一同捲起、切面有如漩渦模樣的造形魚板……，竹輪也好，魚板也好，在日本各地有著不同的長相。不論哪一種，都是四面環海的島國人民之創意發想，將豐收的漁獲煮熟以延長保存期限而創生的智慧與技術。

魚漿製品有著與誰都能合得來的柔軟身段，不論何種場合都不爭強好勝，任何狀況都能配合的柔軟，不動聲色發揮著存在感，強韌的黏性讓人感動。最完美的例子大概就是炸天婦羅吧！魚漿中可夾帶牛蒡、紅蘿蔔、薑絲、燒賣、花枝、毛豆……，包什麼都沒問題，加牛蒡便叫牛蒡天婦羅，親切易近，不只可做為喝啤酒時的小菜，在選擇多元的關東煮鍋中也占有一席之地。

不過最教人感動的還是竹輪的寬容大器。竹輪是以魚漿捏於竹棍上再烘烤成形，取下後中空無骨，造就了它謙遜、安堵樂業的美德，也隱藏了它魅力無限的祕密。

譯註

1 將魚板切片，沾山葵醬油來吃。

筋
肉的支柱

我敢拿出來說嘴「這個我也會做！」的料理之中，包含了這道燉牛筋，通常是居酒屋老闆會端出來的開胃菜，或是店家菜單裡眾多小菜之一。

第一次吃到牛筋時，一入口吃得到燉得軟糯黏稠的獨特口感，是從前在家吃飯不曾嘗過的美味，讓我又驚又喜，「這世上竟然有這種味道啊！」外觀樸素的一片深咖啡色看在我眼中是如此美麗，有種像是越過圍牆，窺見大人世界的心情。為何不曾挑戰這道菜呢？現在回想起來，大概是覺得這種美味是自己煮不出來的，直覺認為那不是隨隨便便可以踏入的料理聖地吧！

生牛筋一百公克約一百日圓，實在是便宜到不行。現今一百公克一百日圓的牛肉幾乎是看不到了，光是這點，牛筋便比牛肉多了一分特別。我每次一買一定都要一公斤，明明提在手上的一大塊是如此沉甸甸，所付的代價即使加了消費稅也不過千圓出頭，便宜到幾乎忍不住想要跟老闆說

「買了一公斤，我很抱歉」了。

親眼看到老闆將牛筋從肉上剔下的那一刻，我簡直佩服得五體投地。牛筋是什麼？就算想像得到，卻不是真正清楚知道它在哪裡、如何地存在，是以雖是我拜託肉舖老闆拿給我看，但還真的讓我大吃一驚。

筋絡扮演著影武者的角色，支撐著全身的肉，是骨頭之外的另一個支柱，如果沒有牛筋的支持，一頭牛便不可能站立起來，光是這點便讓人感到無敵神聖。

整頭牛的身體除去了頭、腳、內臟之後，被稱做「屠體」，接著再經過去骨、去除多餘油分的「部位肉」，以及更進一步剔淨雜肉與筋等部位的「食肉」。據說一頭重約七百公斤的牛，「食肉」僅約三一〇公斤，算起來僅有半頭是可以吃的。而介於「部位肉」與「食肉」這狹縫之間的，便是本篇的主題「牛筋」了。

老練的肉舖老闆可以靈巧地操控一把刀，將肉與筋分得乾乾淨淨，那過程之費工、複雜實在教人驚訝。我們口中的「筋」其實有細有粗，有分布極廣，有硬有軟，依著所在部位不同而有著各自的形狀與顏色，下刀的角度與推進的方法當然也就不一樣。在分解牛肩的部分時，靠近頭部的地方會有一大片有如黃色橡皮筋的在這裡出現，看得我瞠目結舌。原來有這強韌頑固的筋，才有辦法支撐著那沉重的頭。那條與漫才搞笑道具的彈力帶一樣粗的筋一被切下，我不經意地脫口問道：「這可以吃嗎？」老闆笑答：「不管怎麼煮都煮不爛啊！」

為了留下最多的食肉，老闆心細手巧地將各部位的筋一點一點地挑出、切下，我一旁目睹了整個過程，竟然莫名地感到羞愧了起來。我輕鬆喊著「老闆我要買一公斤牛筋」，原來得要這麼費心地分切下來，一小塊、一小塊地累積出來。而且老闆還教我，剔下多少筋、留下多少肉其結果會如何影響肉的風味，簡直讓我大開眼界，著實學了一課。反過來也可以說，肉的美味建立於處理筋的技巧上，肉商的工作之深奧，果然值得我們致敬。

我每次買牛筋都固定買一公斤，回來先用水沖洗乾淨後再以熱水燙過、撈起，拿剪刀剪去雜質的過程中，看著這些沒有一塊長得一樣的牛筋，忍不住心中大為感動。肉商工作的生命線在此、牛的軀體之基本也在此。我不由得湧出滿滿的感謝之意，以大鍋子小火慢燉所花的這兩個小時裡，心情格外愉快。

炒蛋

餐桌上的小太陽

「這就是所謂的狗急跳牆吧！」

我感動地說，我的那票女性友人個個面生嗔怒，拔高音量地吐槽我：

「拜託，是需要為發明之母才對吧！」

事情是這樣的。有位媽媽正要準備炸可樂餅，她讀小學的兒子帶了三、四個朋友來家裡玩，母親眼見手邊沒什麼可以招待這群小朋友，急忙把昨天晚餐剩下的白飯與正準備要做的可樂餅加在一起，是為「點心增量大作戰」。她毫不手軟地將白飯加進馬鈴薯與絞肉混合的可樂餅餡料之中，冰箱裡好不容易找到、可派上用場的巴西利切碎撒進去，捏成球狀下鍋油炸，不多時就變出一顆顆炸飯糰。臨陣磨槍不亮也光，隨機應變的母親當然了不起，然而緊急被調上場救援成功的剩飯也該頒發救援王獎座。站在舞台後方，當場目擊一切的我，佩服得五體投地。

「狗急跳牆」也好，「需要為發明之母」也罷，總是救人於危急之時。畢生累積的經驗在被逼上絕境時，於腦中急速轉動，使出一切智慧來應對，相信不論是誰，都會被此刻的自己感動吧？及至最終得以安然度過危機、撫胸喘氣的那一刻，心中必定也悄悄增長了些自信，「本人也是有兩把刷子的！」

對我而言，這樣的祕密武器便是炒蛋。遇到困難時，默默地增加一盤炒蛋就對了。比方說，餐桌上的菜色讓人感到有些冷清、冰箱裡沒有特別厲害的食材、缺一道菜之類的情況下，總會把求救的眼光轉向雞蛋，它也總是有求必應：「好吧！就來試試看能怎麼幫忙吧！」

如果做的是玉子燒（煎蛋卷）或歐姆蛋，很容易就會事跡敗露，因為一看就知道是來撐場面的；水煮蛋光溜溜地站在那兒顯得敷衍，荷包蛋早餐已吃過了。在這種情況下，可以不動聲色鎮住場面的就只有炒蛋了。

炒蛋看似無為，曖昧又不起眼，不會緊迫盯人，比較像是會隱身在電線桿後方悄悄看著情勢的內向性格，如果不說，沒人會發現它的存在。不可能用來填飽肚子，但是可以為略顯寂寥的餐桌增點色，必要時總是拉它出來幫忙。過去十多年為孩子帶的便當少一道菜時，也都是靠炒蛋的神救援。

不過炒蛋時可得用盡全部的心力才行，火候過強則易變得鬆散乾澀，太弱則軟爛模糊像是一屁股坐在溼透的椅墊上讓人坐立不安。適度的柔軟入口即化、極度溫柔，有如冬日太陽的微笑般溫暖是最上等的境界，可是長年修行之下才能達到的成熟穩重。

每每要炒蛋時，總需要一把筷子。將好幾雙筷子在手中集合握好，於注入蛋液的平底鍋表面快速滑行、翻拌。比起一雙筷子高速在鍋中繞著，一整把筷子做出來的成果更讓人滿意。簡單來說，炒蛋能否做得好，火候與筷子於鍋中動作是關鍵。別看它一臉敦厚老實的樣子，其實內心可是十分纖細的。

口袋裡最好多備幾道這樣可隨時上場的菜色，畢竟不知何時會有人跑出來考驗你的功力。我的話，除了炒蛋之外可以依靠的還有菠菜。不論是涼拌、煮味噌湯、清炒都好用，各式菜色變幻自在。臨時遇到狀況的瞬間，打開冰箱門發現有蛋、有菠菜，就有了天下無敵的安心感。將菠菜以熱水燙熟後擠去水分與炒蛋混合拌在一起，便是一道高雅的日式涼拌菜，擺盤上桌擺定一看，給人一種今天必定會是個晴朗好日子的愉快心情。

炸物

聖地的能量

人之三大欲：食、睡、性也。那食欲之中又有哪三大魔王讓你永遠抗拒不了？我不時拿這問題考身邊的人，得到的答案五花八門：「我的話是鰻魚丼、生魚壽司、煎餃」、「我是玉子燒、歐姆蛋及雞蛋拌飯」……，那如果限定夏天呢？我又不放棄地追問，某男秒答：

「啤酒、咖哩、炸物。夏天當然要有這三樣啊！」

哦哦！炸物！我當下也激動得站了起來。

人面對炸物有種猛烈的本能，會勾起欲望，不禁要懷疑是不是帶有任何食物只要炸過都能接受的基因缺陷。有個朋友自認也被公認為炸物狂，每次一起去居酒屋，（一般都會先點酒、點飲料）她的第一句必定是：「我要炸物！」

她對炸物無悔的愛，教人感動。

「炸雞塊、可樂餅、花枝圈，只要是炸的，啥都可以！」

炸物就是這樣讓人理智盡失，總之人氣炸物全都點上一輪吧：炸豬排、天婦羅、可樂餅、炸春卷、炸鮮蚵、炸蝦、炸餃子，還有絕對不可錯過的炸肉餅。

在我家鄰鎮的商店街裡有間老是有人在排隊的S肉舖，將近二十年來，不論是熱到快把人蒸熟的猛暑，還是寒風刺骨的嚴冬，不管是才剛開店，還是收店前的最後一刻，每回經過從來沒有一次遇上沒人排隊的日子。而且，乍看以為隊伍只到某一處，結果人龍只是因遇上十字路口空出通路在對街繼續排下去，那頭還有二十人、三十人的隊伍連綿著。所有人的目標都是剛起鍋的炸肉餅，一個兩百日圓，一次買五個還能減四十日圓，平均一塊一百六十日圓。讓人一邊苦笑老闆真是會做生意，一邊還是「那我也買五個好了」，唉，人啊就是這樣，完全中了老闆的招。

我已經二十多年沒買過炸肉餅，不過每回經過時總覺得S肉舖被神祕的能量包圍著，我偷偷稱之為「炸物聖地」。香氣與熱氣，是炸物之所以勾人的能量之源，只要實際站在店前，炸油誘人的香氣猛烈地刺激著你的食欲，經過熱油洗禮後的牛絞肉的肉香與洋蔥的甘甜融合在一起，正是與可樂餅完全不同等級層次的真實感。那令人難以抗拒的香氣在店的四周捲起漩渦，使得來「炸物聖地」膜拜朝聖的人潮一波接一波地湧現。

而在那氣勢上搧風點火的是從廚房飄散到外面的熱氣，在油鍋中滿滿滾燙的金黃炸油所散發的熱能，手握長筷、認真專注的眼神盯著鍋中物，將一生投注於此業的炸物專家的熱情，還有長久等待與屬於自己的那塊炸肉餅相見一刻的客人期待的灼熱，這三者三樣的熱力使得煽情的熱能更加擴散。真不愧是炸物聖地，光是站著聞到味道、感受熱能就足以讓人吃上三碗白飯。好不容易輪到自己，點的幾樣炸物入手之後，好想不顧形象趁熱當場咬它一口，可我畢竟不是毛躁的棒球隊少年，只得心頭壓著忍字一路趕回家。

焼豚スライス
1 700円
2 1200円
とんかつ
1枚350円
3枚750円

醬汁、番茄醬

淡淡的緊張感

毫不猶豫伸出手的動作真迷人，散發出十足明確的自信，讓人下意識地想跟著做。

在定食餐廳與一名電氣行的歐吉桑（工作服的胸口繡著××電氣行的名字）同桌，店員在他面前擺上天婦羅定食套餐，混著紅蘿蔔絲、洋蔥、紅薑絲的綜合天婦羅、炸蝦、炸青椒都是剛起鍋。歐吉桑啪地一聲，掰開免洗筷，接著毫不猶豫地伸出右手去拿伍斯特醬（Worcestershire sauce）。蓋子上貼了張貼紙，大大地寫著「醬汁」，應該是為了不讓客人跟一旁的醬油弄錯。歐吉桑將瓶子一傾，醬汁有如夏天為了散熱而潑灑的水般嘩啦嘩啦地淋在炸物上。

我在一旁看得入迷。「吃天婦羅就是要淋伍斯特醬」才不管別人怎麼說，他都會這麼做吧！溼淋淋的天婦羅是歐吉桑的世界中心。

由於是餐點上桌後客人自行選用桌上的調味料，愛怎麼調味，沒有人有權插嘴，也沒有所謂適量的問題，不論是可樂餅、炸肉餅、藍帶豬排、炸鯵魚，調味料加多少，依個人喜好決定。我知道有人吃咖哩飯必定要淋伍斯特醬。我點的餐上桌了，炸豬排有一半蘸鹽加黃芥末來吃，倒是在一旁附的高麗菜絲上淋了大量的沙拉醬。要是看著沙拉醬的重量壓塌了小山般的高麗菜絲會感到不好意思，就證明了此人道行不夠，還有待練習。不過一開始操作醬料總會不小心一下倒太多，可樂餅整個變得溼答答，還沒吃就已讓人胃口盡失，徒呼負負。

番茄醬也是一樣。在餐廳點的蛋包飯上桌時，總是在握著湯匙想趕快開動的那一瞬間躊躇了起來，不知該拿蛋包飯頂端大量擠上的紅色番茄醬如何是好。

有次在大阪南區的西餐廳裡，有人處理番茄醬行雲流水的動作讓我看得入迷。當時因為客滿，得與人併桌而坐，旁邊坐著的是一位穿著做工精緻的西裝、剛要跨入老年的紳士。他與眼前的蛋包飯對峙一陣後，接著以湯匙的背面朝番茄醬抵去，仔細地、一處不留空隙地塗布於金黃色的小山上。手上的動作充滿了自信，表情認真，嘴角微微地上揚，透露出心中的歡喜。他緩緩地將番茄醬自山頂往山下的平原推，仔仔細細地塗抹著，蛋包飯於是成了溼潤的紅色小山。完美地改變了整座山的景觀之後，優雅的紳士才氣勢十足地挖下一口，開始吃了起來。「番茄醬應該從一開始就均分配好。」他執行著自己一貫的美味哲學，即使在這樣的一家小店也不改弦易轍。

我沒有他那樣十足的勇氣，吃蛋包飯時只會用湯匙的前端白番茄醬的頂端一點一點地挖來吃，可是我也好想向誰確認一下「這樣做可好？」明明點完餐的那一刻已完全決定就隨便店家怎麼做我就怎麼吃，然而心想好不好吃的最後責任操之在己，不免還是猶豫了。有種「要浪費一次的機會，還是讓美味更上一層樓，就看自己怎麼做啦」的感覺。

伍斯特醬也好，番茄醬也好，伸手去拿的瞬間便已讓人心跳加速，小小地緊張了起來。當然有時也會失手「啊！怎麼跟想像的不一樣？」但還是勇敢地將美味的選擇權掌握在自己手中吧！

種籽
神祕的結晶

小時候我渴望成為可以讓西瓜籽吐得超遠的大人。從噘起的嘴唇之中，「呸！」地一聲爆裂音響起，黑色的顆粒便起飛了，在空中畫出一條弧線飛翔著，不知會從哪裡消失於視線內、在哪裡著陸，看在小孩的眼中簡直就是種祕技。

梅乾的籽裡感覺也隱含著祕密。周圍的果肉是如此飽滿柔軟，內部卻潛藏著如岩石般堅硬的籽，不過是一公分左右的小小種籽，其質量在整顆梅乾之中的比重卻一點也不小，而且剖開種籽裡面甚至還有「天神大人」坐鎮其中，緣由是學問之神菅原道真公愛梅，因此梅乾的果仁又被稱為「天神大人」，而供奉菅原道真公的太宰府天滿宮，以前甚至還設置了收納梅乾種籽的地方呢！看來不管是仇敵還是種籽都不能隨便對待。我自從知道「梅乾種籽＝天神大人」後，從此便開始覺得所有的種籽裡面都住著高貴的神明，再也擺脫不掉這樣的妄想。

種籽是神祕的結晶。在它頑固緊閉的核心裡存在著DNA的神祕。以前曾在友人的家裡看到一株高大的酪梨盆栽，不禁讚嘆怎能養得這麼漂亮，朋友卻說：「不過是吃了酪梨，隨手將籽丟進去就自己長這麼大了。」它強大的繁殖力真令人敬佩。這棵枝葉繁茂的酪梨樹沒幾年後竟長得比一個成人還高了。別看它是如此不動聲色，沉默無語，可是默默地從一顆小種籽長成這般高大挺拔。

不知是不是因為看過那棵酪梨樹的成長，每回我吃石榴、百香果時，總覺得坐立難安。雖然知道是在吃水果，但實際上吃的是果子的種籽，換句話說，一口氣將大量的生命吞進肚子裡，冷靜地這麼想著，肚子隱隱痛了起來。一定是小時候，夏天吃西瓜時不斷被威脅說：「西瓜籽不吐出來，會在肚子裡長出樹來喔！」

因此還是把種籽去掉才能安心。像青椒、辣椒這類本來就要去籽的蔬菜便可以毫不猶豫地動手處理。苦瓜先縱切剖開後，拿湯匙將瓢囊與籽一同刮去，特別讓人感到爽快。困難的是番茄，到底該不該去籽，微妙的差別實在難以拿捏。種籽密集如小黃瓜之類的，就乾脆當它是果肉的一部分了。

不過到中國、越南一帶旅行，被迫接受了完全不同的觀念。比方說，葵花、南瓜的種籽，本來根深柢固地認為它們就像是西瓜籽一樣，只有吐掉沒別的可能，沒想到當地人竟是放在桌子的正中央，並不時伸手抓起一把嗑了起來。葵瓜子、南瓜子不是簡單地乾燥過而已，有的是炸得酥脆後再撒上鹽，經過處理之後的種籽，完全沒有一般我們想像二次利用下產生的副產品必定會有的悲慘，且不僅便宜，上得了檯面、簡單不複雜又不占胃（當點心這點很重要）。抬起胸膛作為配茶點心的模樣自得自滿，不見一絲卑微。又或是在中國或台灣看到的「話梅」，是直接將整顆梅子乾燥而成的茶點，吃來酸酸甜甜，入口瞬間便刺激著唾液分泌，最讓人開心的是它適合一群人聚會時享用。邊說話的同時，含在口中的話梅咕嚕咕嚕地轉動教人忘了現實，不管經過多久都還會有味道湧現，忘記時間的流逝。

不過偶爾也會遇到種籽的逆襲。有天，友人告訴我「青椒的種籽拿來炒，最後以口味濃郁的味噌調味就是一道很棒的下酒菜。」那一瞬間才知道原來青椒的籽可以有這種作用，不該浪費。如果不知道就不會這麼懊悔了，唉。

吐司的耳朵

私藏的寶物

耳朵一直都帶來令人愉悅的消息。有人靠在耳邊說悄悄話時很高興，靜靜地將耳朵貼在胸前聽著心跳聲時也令人開心（醫生除外）。特別讓人忍不住滿足地微笑的是吐司的耳朵——吐司邊。

吐司的耳朵，完全沒有一絲進化，這點更讓我欣喜。從小到大它一直都是那樣，沒人想要為它加點新味道，所以不論過多久，吐司邊就是吐司邊，不曾改變，所以給人一種安心感。

要說它有什麼讓我覺得好的，我想就是它很低調吧！還有看上去好像很不好意思的樣子，更是深得我心。會連吐司邊一起賣的通常都是個人經營的麵包店，一早在貨架上擺出剛出爐吐司的小小的個人商店。在這樣的店買的吐司，通常都會留下最邊邊那一塊的四方形黃色吐司邊，若是買一整條，則會留下兩邊各一片。會完整留下吐司邊，光是這點就足以讓我開心，看到都很想買。

小時候，母親買的吐司都一定會有吐司邊。她習慣一週去兩次我們家附近的麵包店買半條吐司切成八片。買回來當天，我就鎖定了那僅有一片的吐司邊。每當確認邊邊的那片黃色吐司邊還在，就會高興地舐起嘴巴，但也小心不讓家裡的任何人發現我喜歡的是那塊吐司邊。

至今仍清楚浮現當時的情景：早餐時，我盡可能若無其事地抽起那塊吐司邊，放進烤麵包機。要是不小心透露出「我想吃這塊」的野心，我喜歡吐司邊的事就會被人發現。儘管我只是個小孩也有完善的攻防對策。畢竟要是被人知道喜好，就有煮熟的鴨子飛了的危險，特別是時常敏銳觀察著姊姊動向的妹妹是最需要防範的人，要不然對於吐司邊從來不屑一顧的人，也會突然固執地哭說「人家也想要」，而每當遇上這種情況，母親一定都會不滿地吐出那句話：「你是姊姊，要讓妹妹」，所以絕對不能大意。

麵包邊是如此得之不易，當然就有相當的美味價值。

經由烤麵包機烤過之後，內側蓬鬆蓬鬆，周邊則有焦香味，那香氣是最勾人之處。塗上奶油，在烤得酥脆的乾燥表面上響起「唰唰」的聲響，心情更加雀躍。對半摺起、壓扁後便成了簡易三明治，一口咬下有種像是吃餅乾的緊實口感，這一刻才理解了所謂的「酥酥脆脆」原來是這麼回事。吐司邊與花生醬也很合，再進階版則是做成火腿三明治。塗上奶油，再塗美乃滋，鋪上火腿與切成薄片的小黃瓜，對摺起來，咬一口，酥香的吐司之中露出火腿的粉紅與小黃瓜的脆綠耀眼迷人。中學時代，我的私藏點心就是這吐司邊做的火腿三明治。

在我認識吐司邊之前，早已受到它的恩惠。我讀幼稚園時，就常央求母親為我做糖粉炸吐司邊作為點心。至今我仍不時憶起炸吐司邊在調理盤上散開來的幸福光景。炸得香脆的吐司邊上頭下起糖粉雨，純白色的糖粉一粒粒在吐司邊上閃閃發亮，如夢似幻。

葡萄乾

今天吃葡萄麵包

我喜歡葡萄麵包。雖然不知道有什麼可不好意思的，但每當伸手要拿葡萄麵包時，總會在心中響起「都幾歲了」的指責，也許是因為葡萄麵包是非常簡單易懂的食物所致吧！

葡萄乾一點都不神祕。會不好意思地覺得「都幾歲了」，也是因為看到葡萄乾散布在麵包之中的樣子而忍不住微笑了起來，一如預想地掉入陷阱之中。

但如果不想太多、老實地吃著葡萄麵包，就知道它真的很美味。當牙齒碰上飽滿的葡萄乾的瞬間，心中湧起的喜悅就如同採礦者挖到礦脈的那一鑿傳來的手感般令人興奮難當。

而且葡萄乾從不讓人失望。一口咬下，Q彈的反作用力傳來，得再更用力咬破它，一如期待的濃密甘美確實地釋放了出來，我就喜歡它的這種單純明快。說不定葡萄乾可以讓人變得簡單，小小一顆充滿了直情徑行的單純，給人一種明朗透亮的安心感。

可是它簡單雖簡單，卻有十足畫龍點睛的效果，有時一口之中就能帶來多次的驚喜，最具代表的就是葡萄麵包、水果沙拉、果乾奶油、紅蘿蔔沙拉等等，都有一顆顆的葡萄乾獨立在其中，帶來畫龍點睛之效。

（捕獲葡萄乾一顆！）

讓人愉快得心都要沸騰了。小時候在學校吃營養午餐時，有個男生吃葡萄麵包都先把葡萄乾挑出來吃光光，這行為惹怒了老師，但是他的心情我十分能理解。

我也有個能讓吃葡萄乾的樂趣倍增的祕方，就是做成陳年酒漬葡萄。名字聽來響亮，但其實是不太需要下工夫的東西，只是在保存瓶內放入大量的葡萄乾，注入滿滿的萊姆酒，再放點肉桂、丁香、或大茴香，接著就只要等待即可。

曾一度被乾燥的果乾再次注入了靈魂，更加迷人。被抽光水分之處重新滲入了萊姆酒的風味，不消幾個月便「碰！」地整個脹了起來，有如火鳳凰浴火重生般強勢回歸，展現出已通過乾燥考驗的力量。酒漬葡萄可點綴在冰淇淋、蜂蜜蛋糕上，或是加進打發的鮮奶油裡，光是加進酒漬葡萄便已能為它們加分，升級成為高級品。

酒漬葡萄是時間的贈禮。經過長時間乾燥、浸漬，才使那小小一顆球體的內部積蓄的精華毫無保留地綻放出來。

乾燥的果實蘊含濃密奢侈的風味，失去的水分有多少，迷人的風味就有多少，深深潛藏在果實的內裡，連同苦味、澀味也一起交織成爆烈的濃縮感，一旦釋放出來，便讓人醉心不已。

因此不必多，只消數粒就足以讓人大大滿足。明明是那麼小一顆，卻能溢出大量的豐足感。不過要將手伸向葡萄麵包時，還是會偷偷覺得不好意思，「都幾歲了」。雖然像小時候吃營養午餐那樣直接吃也很棒，不過今天下定決心要來烤葡萄麵包。烤出微微焦黃的顏色，塗上厚厚一層奶油，被烘得暖暖的葡萄乾滲出幾乎要教人投降的滿溢甘甜，每次吃都忍不住驚呼讚嘆一聲「哇嗚！」。

「大塊」朵頤

解放的形體

不論是質量較輕的麵包，還是重量十足的肉類，只要是一大塊，都給人一種沉甸甸的感覺，也帶來相對的風壓（抗力）。

比如說，吐司。

不論是切四片、六片、八片，一開始就切好在那兒，便無法有新的可能。半條也好，一條也好，若是維持整條未切，就有無限大的發展可能。一把麵包刀在手，不管你要極薄還是厚到像塊磚頭，都能隨你所願，今天早餐想要來個烤奶油厚片，明天想切成兩片薄片夾鮪魚醬，或是下午茶來份必備的極薄小黃瓜三明治，只要手邊的吐司是尚未切分的一整塊，都可按自己的喜好，愛怎麼變就怎麼變。

又譬如一整顆的鳳梨。

削去摸來刺刺的、像葉子的綠色外皮，可挖去中間的硬芯，切成一片片的甜甜圈片，或是不去芯直接切成圓片、縱向切成條狀……，要切成各種形狀都無人可擋的心情著實讓人感到十分爽快、舒暢。正因為可全方位發展，是以有了保留整塊的價值。

這讓我想起園山俊二的漫畫《Giatrus 平原上的原始人》。

故事是發生在（虛構的）原始時代，主角為克羅馬儂少年阿剛，他力大無窮的父親可以徒手打倒猛瑪象，有時卻又輸給山豬；身披豹皮、身材姣好的母親一人就能背起好幾個小娃兒，不斷激勵丈夫要為生活打拚。有了心愛的妻子在背後推一把，阿剛的父親今天也扛起石斧精神奕奕地朝 Giatrus 平原走去。

猛瑪象肉塊有時是一整隻帶骨的，有時是切成一大片，勇猛打倒獵物而一臉驕傲的父親與心滿意足的母親，一大家人忘我地大口吃著肉，吃飽飽開始想睡時，便是幸福的高峰。人生沒有什麼好煩惱的，悠悠哉哉的氛圍之中飄散著一股無常之感的原始人日常。

不必顧及禮節，大口大口啃食的肉塊是財富的象徵，同時也代表著完全的解放，是以我們才會對漫畫中的猛瑪象肉真心嚮往，甚至冒出嘗一口的妄想。幾年前某間食品公司還推出了名為「Giatrus 肉」的帶骨肉塊，知道這個哏的人一定都會拍案叫絕！大塊肉一旦入我手便是我之物，想逃也逃不了，一口咬下，彷彿與在 Giatrus 平原虎虎生風地活著的阿剛一家人產生了某種連結，讓人心情為之一爽！

大塊的另一個附帶好處就是便宜，它是種自由與解放的形態，不論是肉、火腿還是鳳梨，一整塊沉重的實在感之中還夾帶著原始之風。

米2840

一升裝的酒

源源不絕的湧泉

在小餐館點酒，有時店家會將各式不同的酒杯放在提籃裡或是托盤上拿到位子來，讓客人選擇自己喜歡的杯子，但我通常很難毫不猶豫地伸出手，因為每個都喜歡，要我選一個，難免就會因取捨而產生遺憾之情。

於是，我暗自在心中設下了選擇基準：

「就選裡面第二大的吧！」

要是被說是貪心的酒鬼我也認了，設下「選第二大的」，已是稍稍表示了我的羞恥心。

大一點的酒杯用來較不麻煩。可以不被酒杯囿限，將主導權掌握在自己的手中是一大優點。畢竟喝酒有時想小口啜飲，有時也會想一口氣朝喉嚨深處咕嚕灌下，一開始就用容量較大的酒杯，便能自在地調整每一口喝下的分量，若是小小的酒杯就只能一點一點地飲用，感覺綁手綁腳，十分不痛快。

「啊！你想找比較大的酒杯對吧？」

選酒杯時一旁的酒伴主動靠過來這麼說，便讓人鬆了一口氣。

「對啊！大的比較方便，感覺喝起酒來心情較沉穩。」

聽我如此說明，能微笑以對、放任我這麼做的人，必定跟我很合得來。

一升（一八〇〇毫升）裝的酒也有異曲同工之妙。咕嚕咕嚕不怕滿出來地將酒朝大杯子或碗注入，多麼豪氣！與此最相配的模樣便是頭上綁個毛巾，身穿衛生褲、護腰，盤腿而坐的歐吉桑，如美國西部片裡走在夕陽下的槍俠得配一把手槍，日本男兒就該配一瓶一升裝的酒。另一方面，若是將酒倒進壺裡，一下我幫你倒酒，一下換你替我斟上，彼此頻繁地你來我往固然開心，直接扛起一升瓶來豪氣地倒酒，便能打破這微妙的客套。

一升裝的酒從剛打開、喝到一半，到最後剩一點的時候，裡面的酒雖然都一樣，喝起來的口感卻是完全不同。一升瓶可以嘗到不同的變化，某種程度上來說，算是兼具了醒酒器的功能。同一款酒買兩瓶四合（七二〇毫升）裝，不如一口氣買個一升裝，還可以品味酒的風味慢慢轉變所帶來的樂趣。

將飲酒之趣帶到最高峰的無疑是對酒伴的信賴。我曾聽個朋友說，某天傍晚他去到朋友家喝酒，一路喝到隔天中午，乾掉了兩升酒之後，到附近的澡堂稍微泡過澡，又繼續從傍晚接著喝下去，十分勇猛。那天早上朋友的妻子怕兩人的酒斷了，酒商開店時間一到便衝去買了一升裝的酒回來補給他們，如此體貼的妻子，實在讓人敬佩。

正因為有一升裝的酒才能有如此豪爽的喝法，像是在取之不盡用之不竭的酒泉之旁，沒有比這更棒的事了。

不過，有些話我想奉勸各位想抱著一升裝的酒瓶同寢的各位酒友。握著一升裝的酒瓶咕嚕咕嚕地倒酒時，不都會把杯子慢慢地往上抬以免酒灑了出來嗎？這時可千萬得忍住不要將嘴巴也靠了上去。我非常明白那種等不及、即使只溢出一滴都是對酒不敬的心情，那行為很像是小嬰兒在找媽媽的乳頭，是出自本能，很可愛，但是對一名成人來說幾乎是丟棄了身為人的尊嚴。至少在一開始假裝一下還保留著些許的理性吧！之後一升裝的酒瓶就會當作你是醉了，默默接受一切的。

珍寶

有點麻煩

初次嘗到難忘的珍寶之味是Sakuma製菓出的罐裝水果糖，我太害怕這原本被放在紙製的聖誕老公公鞋裡的罐裝水果糖會不見，小心翼翼地收在我一直握在手中的紅色幼稚園小籃子裡，如此一來，即使是晚上睡著也不怕會被小偷給拿走。

搖搖鐵罐，就會有一顆水果糖從圓圓的洞口掉出來，綠的、紅的、橘的、咖啡色的，閃閃發亮，宛如只在繪本上看過的寶石。不過，若飛出白色的、我不愛的薄荷口味，就會大失所望，明明沒有人會注意，仍偷偷摸摸地將它放回罐中，重新再搖一次。

珍而重之地將罐子裡搖出來的水果糖放入口中，心疼著每舔一口便少一口的感覺永遠那麼讓人著迷。糖果撞擊鐵罐發出哐噹哐噹的聲響，現在回想起來，才發現那是種將寶物一手在握的優越感。

長大之後多了些不必要的智慧，總想著要把寶物增大增多，這貪心的欲望還真是要不得。也許是出自於吃了就沒有了的惋惜感，也或是這東西得來不易所以想要更增大它的價值，在這種窮酸心態的影響下，衍生出多此一舉的行為，黑暗也趁隙降臨。如果是水果、蔬菜、鮮魚等，到手時即是最佳賞味期的生鮮食品，生怕鮮味一分一秒快速流逝便趕緊拿來吃掉，但發酵物、可以放著再更加熟成的食品就危險了。

在能登收到人家送的醃沙丁魚，被我拿來當成寶物供了許久。收到時送我的人在耳邊悄聲說的話成了咒語迷住了我：

「這放了五年，不，應該已有六年了，在我們家被視為傳家之寶，分一點給你嘗嘗。」

對方意味深長地將慎重包起的小紙包放在我手中，我在心裡發誓要讓它變成更有價值的珍寶。之後，我讓它在冰箱的角落裡躺了五年，換句話說它已堂堂邁進十年的高齡，卻也因為太過珍貴而讓人沒有勇氣打開，根本就是本末倒置。除此之外還有從義大利帶回來的手作番茄醬、據說是極品的陳年凍頂烏龍茶、朋友自製的金桔果醬……，這些我很想伸手去拿又不敢碰的寶物，就這麼默默待在櫃子裡。

不過，別看我這樣，我也是有可以抬頭挺胸拿出來跟人炫耀的寶物——自製穀片。

呃，雖說是自製，但也只是去買我喜歡的營養穀片，再加上陸續買到的有機果乾、堅果類，然後混合在一起的成品而已，不過還是不失豪華，它的組成成分時常在變動，像今天，一箱的自製穀片裡就有這些東西：

燕麥、黑麥、大麥、玉米脆片、榛果、核桃、松子、杏仁果、葡萄乾、蔓越莓、南瓜子、枸杞、葵瓜子、巧克力脆片等等。

一口氣將一批批買來的點心袋子打開，如獲至寶的雀躍節節高升。葡萄乾不是整團丟進去就算了，得撥散才放入容器裡，其他的穀物也大器地全部丟入，互相混雜，直到快放到容器的頂端，再蓋上蓋子左搖右晃，上下輕搖，使其整體交融，拿在手中沉甸甸的重量更是讓人心喜。

將混合好的穀片撒一大匙在優格上，一入口幸福感倍增，口中有如滿天星星輪番閃耀光芒那樣，各式各樣的風味接連爆開，極度奢華，「寶物」二字自動浮上心頭，可是卻能吃得毫不心疼，實在太棒了！畢竟是由乾果穀物所組成，不會起心動念再多放一下等待熟成，真是謝天謝地。

橘子

神聖而高潔

「你好乖，我有禮物送你。」附近的老爺爺笑咪咪地對我招招手這麼說，於是我滿懷期待地跟在他後面走。那段期間町內會[1]的成員會輪流打掃落葉，到了冬天則是時常遞送回覽板[2]。我下課後背著書包，反正無聊沒事做打發時間也好，便隨興拿起竹掃把幫忙將落葉掃成一堆。

「辛苦你了，這個給你。」

老爺爺返回一旁的家中很快又出來，笑容滿面地將一個圓圓的東西放到我手中，原來是顆橘子。

（什麼嘛，原來只是個橘子。）

虧他說得那麼好聽，我還以為會是什麼厲害的點心，卻只有橘子一顆。拿到的一瞬間我大失所望，心情盪到谷底。我等了一會兒想說老爺爺會不會再拿出別的東西來，可是他卻只是站在門口微笑著，看來是沒什麼指望了。

「謝謝。」

我用蚊子般細微的聲音道謝之後便轉身，重新背好書包便走上一邊堆滿了落葉堆的小路，走沒兩步心底便冒出一股羞愧感。人家老爺爺這麼溫暖地對待，我卻失望地嫌著「什麼嘛，原來只是個橘子」，真是貪得無厭。還連橘子一同嫌棄，我禁不住良心的一陣苛責，手中的那顆橘子突然變得好沉重，真想快點將它脫手，一回到家就偷偷地將它放到客廳暖桌上水果籃裡的那堆橘子中。

橘子就像是惹人憐愛的小嬰兒，噗滋一聲手指便掐進它鮮豔的外皮，毫無抵抗地展露內層，如此坦率得讓人捏把冷汗，忍不住替它擔心了起來。外皮保護下的小寶寶露出臉，剝去白膜，便是一粒粒亮澄澄的果粒，更加幼嫩得教人心疼。

芥川龍之介有一篇名為〈蜜柑〉的短篇讓我印象深刻。主角偶然地在二等車廂裡邂逅了一名「鄉下來的女孩兒」，行駛中的火車冒著黑煙，女孩推開玻璃窗，半身伸了出去，將「染上暖陽色澤的蜜柑」噗通噗通往外丟去的瞬間即景。跟著主角「我」始終關注著這一連串動作的視線，讀者的心也微微騷動著，留下鮮明的讀後感。

作者描寫長相平凡的女孩手上的凍傷腫脹，巧妙地對映出蜜柑的水嫩多汁。而那蜜柑也是純潔無垢的象徵。正因如此，才為這篇短短不到三十張稿紙[3]的短篇帶來深長而難忘的餘韻。

圓滾滾的橘子在剝開外皮之後才第一次接觸外面的空氣，一瓣一瓣分開後，柔軟的果肉就被包在半透明的薄膜裡面屏息靜待著。皮、瓣、膜層層包覆，像是被重重保護的嬰兒。

我一直念念不忘童年時家族旅行去到鳥取砂丘，有段記憶即與橘子有關。我們搭乘的山陰本線火車一路奔馳著，途中於某站停下時，在月台上我初次見到兜售火車便當的老伯伯身影。我向坐在我對面的父親說：「開窗！把窗戶打開、打開！」玻璃車窗往上拉開後，一旁的老伯馬上就從窗口遞上用紅網子裝的冷凍橘子。

我央求父親買下那袋冷凍橘子，才吃一口就完全擄獲我的心。最初入口時淡而無味，咬起來還有喀嚓喀嚓的聲音，等到那一層薄薄的冰霜融化，即變成清爽的雨夾雪。我等不及它融化一瓣一瓣往嘴裡塞，每咬一口就冰得牙齦縮一下，卻也有一種不可思議的親密感。以手指擠壓，沙沙硬硬的一瓣脆弱得令人心疼。

「染上暖陽色澤的蜜柑」正等著誰來觸摸。

譯註

1 一地居民自發性組成的團體，執行一些如夜間巡邏、打掃環境、指揮交通等的義工活動。

2 一地居民間傳閱公告的夾板，讀完後蓋章傳給下一家。

3 全文約三千一百餘字。

就在那兒的東西

吸管

一直覺得煩惱

一般見到絲狀物都會剝除吧？祖母卻是將香蕉連絲吃下　　廣西昌也[1]

每當剝起香蕉皮時，我腦海中便會自動浮現這首短歌，然後就呆呆對著他所謂的「絲狀物」盯著。

這世界上除了香蕉絲以外，也有各式各樣不知為何會有，總讓人覺得奇怪，卻又一定會出現的東西。比方說吸管。

每次在咖啡廳點冰咖啡，一定會附上一根吸管，我長年來不斷思索，吸管真正的用途何在，是為了顧及禮儀而必須要有的嗎？我怎麼想也還是不明白。

如果可以，我真的不想用吸管。好好一個大人，得在公眾場合含著那細長中空的管子一端，用力吸氣。

啾啾～

意外地得要非常專注於此，否則一不小心就會嘟起嘴，吸得兩頰凹陷、變成鬥雞眼，怎麼能看？因此我盡可能不使用吸管，但是在大飯店附設的咖啡廳或是高級的咖啡館，眼前要是擺著吸管，我還是會很糾結地伸手去拿，畢竟想到在這種地方，拿起玻璃杯就口咕嚕咕嚕地喝起冷飲，會被當成是野蠻人，不禁打起退堂鼓。

不過話說回來，吸管還是有其功用。比方說飲料沒有去冰的時候，若是沒有吸管直接喝，冰塊實在很麻煩，若杯子傾斜的角度過大，冰塊就會從旁滑落出來，吸管實在是保護我們這種粗野人免於災難或出洋相的安全裝置。

最早最早的吸管據說是來自蘆葦或麥稈等植物中空的莖，在古代美索不達米雅遺留下來的圖畫裡，可以看到人們使用吸管喝飲料的場景。液體表面浮著雜質時，古人會含著蘆葦朝水面吹，表面便浮出圓形，再將雜質撇到一旁，然後插進吸管吸取飲料……，真不知是哪個人想到的，實在了不起。

有時在喝蜂蜜檸檬汽水或漂浮汽水時，也會覺得吸管其實滿好用的。

喝蜂蜜檸檬汽水時得用吸管將櫻桃及冰塊撥到一旁才喝得到飲料。從細細的吸管前端傳送而來的碳酸汽泡在口中活潑地噼叭跳動，我喜歡那激烈的爽快感。喝漂浮汽水若直接就口總避不開那球冰淇淋咚地撞上鼻子，但有了吸管，突破冰淇淋與冰塊層再往下潛去，綠色蘇打水便無可遁逃地被細細吸起，我忍不住在心中歡呼吶喊：「這就是喝漂浮汽水的樂趣所在啊！」唉，我與吸管的關係真是有夠矛盾啊！

譯註

1 廣西昌也，一九六四年生，短歌創作者，本業為醫師。

繩子
生活中的好幫手

今天是廢紙回收日。

（又可以再看到「那個」了。）

有點開心，最近感覺更朝藝術邁進了呢！

它是指在大約隔了幾個區塊，附近靠馬路的某一戶門口，每到固定的廢紙回收日，都會拿出綁成一疊疊的報紙或雜誌，有次經過時看到那畫面便「哇嗚！」驚呼出聲。

真美！簡直是藝術品。一落一落重疊的報紙八個角整整齊齊地合在一起，每一邊都彼此緊貼成面，構成一個長方體，一個密度極高的完美形態，很難不去想那一落一落的舊報紙是為了要做出這樣一個長方體而存在的。每個月到了這天，見到這美麗的光景總忍不住讚嘆。

我三番兩次望著它，心想：「是繩子成就出這樣一件藝術品。」

一落一落的舊報紙、過期雜誌堆，以白色塑膠繩緊緊打上十字結，不容一絲間隙。九十度交叉之處微微地嵌入紙張纖維，卻一點也不緊繃。中央的繩結像個忠實的衛兵，一動也不動地守在原地。

打這結的是個老爺爺還是老奶奶呢？好想見見那有如此高超技術、疊出這麼美麗的長方體的人啊！受此想法驅使，我好幾次望向該戶門牌、眺望上頭所刻寫的姓氏。

一旦打結就不可輕言解開，這是繩子與天俱來的使命。綁在點心盒、壽司便當外的繩子為容器增添了一定的緊張感。喝得醉醺醺的歐吉桑手中提的那盒壽司，要是綁在外頭的繩子有一處沒有緊緊繫好，回到家，裡面的壽司恐怕就會七零八落、面目全非。

綁繩子最重要的就是要可以呼吸的鬆緊度。不是整個放鬆，要不就是讓內容物可以一個挨著一個，要不就得是邊綁邊形成完整的一體。要達到這個境界便得掌握好繫繩子的要領。

我是在試著自己綁自己時才初次理解其中的奧祕。穿和服最重要的便是繫繩結。腰紐、胸紐[1]、伊達締[2]、帶揚[3]……穿和服的過程就是邊穿邊綁繩子，若是其中有一條繩子沒綁好，和服便會鬆掉，因為太害怕會鬆掉，於是每個繩結都打得超緊，差點沒把自己勒斃。親身體驗之後才領略到「原來如此，繫繩子的要領在於讓被繫者可以呼吸才是最合適的作法，理解之後感覺與和服又更親近了些。

自製叉燒肉時也是一樣的道理。不是死命地用力綁緊就好，得將粗棉繩以適當的力量邊拉繩子邊捲起肉，一寸一寸地將肉緊緊綁成圓柱狀，由棉繩引導肉塊，綁得好，肉的纖維便不會糾成一團，最後可以煮出極佳的口感，完全體現了所謂「增一分太多，減一分太少」的真義。說到這兒，想起松本清張的作品裡也有一篇《繩》。繩子既是我們生活中的好幫手，越使用越發覺得它的功能無限，從叉燒肉到和服，似乎人世間的一切沒有它不能搞定的事。

譯註

1 兩條繩子，用來固定和服，綁在腰與臀部之間的為腰紐、在胸線上的為胸紐。
2 固定長襦絆的繩子。
3 在腰帶上方裝飾用的繩子。

寶特瓶
也能化身沙鈴

那天是十一月十九日，我受邀出席那年的薄酒萊解禁酒會，一進入會場便看到桌上擺著一長排新到的葡萄酒，各式各樣應有盡有。我隨意拿起其中一瓶，不禁嚇了一跳，「不會吧」我心想，手指試著用力向下一按，發出乾澀微弱的一聲「啪滋」，是寶特瓶。

我知道紙盒裝的葡萄酒已不罕見，在歐洲便宜的葡萄酒也會用寶特瓶裝，然而指尖反射性地抗拒著寶特瓶與葡萄酒的關係。

不過，遲早還是會習慣的吧！一九八〇年初，第一次見到寶特瓶裝的醬油也讓我大感衝擊，然而如今已是理所當然的了。還記得當初覺得若是玻璃瓶可以再次利用，為何要換成寶特瓶裝，心裡著實感到怪，然而後來也就慢慢接受了。時至今日，寶特瓶有大幅進展，已日新月異到了令人瞠目結舌的地步。走一趟超商便可發現寶特瓶占滿了整個貨架，筒形、長方形、葫蘆形，瓶頸的部分有豪華的鑽石切面，也有垂肩、聳肩各種類型。仔細比較，同樣容量，在設計、好握度、軟硬度上變化十足，寶特瓶界的競爭非常激烈。我第一次知道兩公升裝的寶特瓶兩面各有一個凹洞是為了讓手指好放時，驚訝地「咦！」了一聲，聽說有兩條溝是為了吸住力氣的「吸力構造」時忍不住「喔～」地大大佩服。一個寶特瓶是許多設計者嘔心瀝血的成品。

在棒球場上目擊了寶特瓶變身成為大聲公的那一刻，感動的心情油然而生，真是太有創意了。寶特瓶可以被利用到這個地步，應該是此生無憾了吧！在幼稚園，寶特瓶裝進紅豆就成了沙鈴。散步時在人家的庭園裡種植著花草，仔細一看花草的下方是兩公升裝的寶特瓶剖半而成的，裝了土開了洞便可當花盆來用了。

寶特瓶隱藏了各式各樣的機能，卻是既輕巧、容量又大。有天早晨在首爾的南山公園逛著，擦身而過的好幾名跑步者兩手各握著一個五〇〇毫升裝的寶特瓶，裝滿了水便是啞鈴，跑到一半打開瓶蓋又可補充水分，簡直太強了。

寶特瓶的用途還不僅只如此，裝水整個冷凍後又可化身保冷劑。有回，朋友說「我有好吃的地瓜，分你一些」寄了一箱來，接下的那一刻重到讓我嚇一跳，我邊覺得奇怪邊撕下膠帶，發現除了兩大包地瓜之外，還有六瓶裡面冰塊融了一半的寶特瓶，難怪這麼重。不過地瓜可被冰得好好的，一點都沒解凍呢！

還有這種用途：將酒倒在寶特瓶裡隨身攜帶。

某個活動同場的一位作家（恕我將名字保密），在五百毫升裝的寶特瓶裝進了日本酒收在包包裡，中場休息吃著主辦單位提供的便當時，他一小口一小口地喝了起來，坐在他旁邊的我也因此受惠，倒在紙杯裡兩人心照不宣地喝著。不知者看了以為不過是喝水，不知怎著竟喝得特別甘美。寶特瓶真是了不起，從沙鈴到酒壺都是它的應用範圍。

握把
有或沒有差很多

上野小姐笑著說：「『手付』這個字多加了個『御』，就變得十分麻煩。」[1]

我也跟著笑了，心想：「我就知道你會這麼說。」人啊，想的事情都一樣。

加了個「御」字確實是會天下大亂，然而若是將「手付」附在器物上，就是完全不同的狀況。「手付」，指的是把手，或者是握把。水杯加了握把就成了馬克杯、桶子加了握把就變成水桶。只是多了一個手把，不論是稱呼、感覺或用途就完全不一樣，因此不可小看。

以前我曾有機會觀看陶藝家製作把手的過程，那光景至今仍十分難忘。他首先將陶土切成一小段的棒狀，三兩下塑好形之後，一端先黏在杯體的上部，牢牢固定，接下來手上一連串的動作又更厲害，右手的手指將黏在杯體上的這端固定著，左手的手指將剩下部分用力拉伸後，再將另一端固定於杯體上的另一點。接著下一個也是一黏一捻就完成，其動作之迅速、確實，看得我好生入迷。

剛好五十個，轉眼間生出整排的馬克杯，一眼望去，忍不住讚嘆出聲。把手圓滑的弧形、角度、位置都很一致，美不勝收。把手的存在不單只是為了便利好用，也為整個杯子帶來造形之美。看了這一幕，我感覺到一股目擊物件誕生的瞬間之神聖，靜默地望著這剛完成的五十個成品。

長年以來，我都一直在尋找著附有把手的杯子，但不是用來喝飲料的馬克杯，而是可以輕鬆拿來盛裝湯汁料理的那種。

若是以平底的盤子盛裝有湯汁的料理，最後總會剩下湯汁，很想喝掉，但用湯匙怎麼也撈不乾淨，每次遇到這種狀況，總會想到若有個杯體較低，適用於料理的杯子就好了。

杯子上多了把手一開始就是為了可以將杯子拿起來就口而設計的。

「這讓我想起伊索寓言中的《鶴與狐狸》。」

當我終於找到了自己長年來不斷尋覓的附把手的杯子，拿在手上仔細端詳時，上野小姐這麼說。

咦！我們竟然又同時想到同一件事情!?

《鶴與狐狸》的故事是說壞心的狐狸邀請鶴到家裡吃飯，故意用盤子裝湯請牠喝，但鶴的長嘴巴根本喝不了湯。為了報復，鶴也回請狐狸吃飯，將肉裝進長嘴壺裡，讓狐狸看得到吃不到，而鶴則是冷眼旁觀，悠然地將長嘴伸入壺中將肉嚼起，一口吞下。

「這故事真是好令人傷心喔，特別是鶴碰到盤子喝不了湯的那一幕，未免太悲哀了。」

嗯，我有同感，站在被欺負的鶴的立場一想，想喝卻喝不到的那份不甘心便湧上心頭，我小時候第一次讀到這個故事時，想到鶴悔恨的心情差點沒把手上的繪本給捏破。

不過沒關係，有了這個附把手的杯子，不論是鶴還是狐狸都不用擔心了，兩人都可以舉起把手，若無其事地咕嚕咕嚕地把湯乾了！

譯註

1 「手付」為把手、握把，「御手付」則指情婦。

緩衝包材

令人懷念的米糠

「原來如此，還有這樣的職業啊！」不久前有個機會將我收集的古陶瓷器出借，我本來以為得要花很多工夫將那些碗盤好好打包交給租借者，結果對方卻說我不必動手，會請有專業打包服務的貨運業者過來處理，要我只把東西準備好等著他們來即可。真是太好了，我就在家等著，到了約定的時間，開貨車來的小哥抱著一大卷泡泡紙來敲門。他俐落地將貨物仔細包好，收進紙箱裡，請我在貨物保險單上簽名後，便瀟灑地開著貨車走了。不消幾個小時，那箱出借品便平安送至對方手中，真是太厲害了啊！

葡萄酒、日本酒等酒瓶類，冷凍保存食品，餅乾點心罐的底層或蓋子的內側等等跟食物有關的包裝，大多都會用到泡泡紙。

泡泡紙是一種緩衝包材，利用聚氯乙烯的彈性與空氣的壓力來吸收衝擊力，保護物件避免破損。

泡泡紙也被稱為氣泡布，是它較正式的名稱，但兩者都是商品名，在緩衝包材中更細的分類裡，又被稱為緩衝氣墊。

據說氣泡紙是在一九五七年的美國，有人為了研發新型壁紙時偶然誕生的產物[1]，發現可以利用空氣來保護內容物，真是了不起的發明。氣泡紙可以包覆任何物品，形狀自由變化還可多次重覆使用，實在太厲害了。

可以承擔衝擊的不只有空氣。塑料海綿、碎紙、保麗龍、紙箱、再生紙等等都可作為緩衝材料，包材的世界也同樣深奧多元。前一陣子我收到遠方寄來一箱十二顆梨子，打開一看，裡面是以再生紙構成一個個半圓狀小洞的墊片緊緊與箱子密合，一顆顆梨子有如國王般安穩地鎮坐在每個小洞裡。

梨子、桃子、蘋果、葡萄這類水果只要稍微碰撞，有一點點傷口便會損害價值，因此緩衝包材是非常重要的保護網，有時甚至不只是保護，像哈密瓜的包裝更是提升了整個價值感。打開最外層的桐木箱便可見一片粉紅色，如絲綢般柔軟有光澤的舒美布包覆著，小心翼翼地翻開來，裡面的哈密瓜這才露臉，像是個被層層保護的重要人物，舒美布下方還有個半圓形的保麗龍猶如它的寶座，真是令人誠惶誠恐。

另一方面，有時也會用舊報紙作為緩衝材，舊報紙伸手可及，熟悉又不特別花錢，讓人可放心地大量使用。作為緩衝包材，舊報紙可是大大好用。只消將它揉成一團，隨即就成了可吸收衝擊力道的工具。不論是玻璃容器或是漆器，只要在稍大的紙箱裡塞入滿滿的舊報紙團，那些易碎的物品置放於中心便可被保護得很好。我有經營器皿買賣的朋友便說過：「我覺得最好用、最令人放心的包材就是舊報紙了。」報紙可以讓人從頭到尾仔細讀過，之後還能變身為優異的緩衝包材，實在太帥了。

說到這兒，突然想起我小時候曾經收集過水果緩衝包材，粗粗的、白色閃著金色光芒，使力拉也不易脫落，還會黏在手上，手感有點不好，但是在十二月的耶誕節活動上可是非常好用，可以做成雪、做成冰、做成雲朵，非常適合拿來布置冬天的景色。

以前沒有像現在這麼厲害的緩衝包材，是經過一番改良研究才有今日這麼聰明好用的多種包材。過往經過雜貨店前都會看到白色的雞蛋一顆顆立於米黃色的米糠粒裡，那是八〇年代末，東京吉祥寺雜貨店裡的風景。除了雞蛋，裝蘋果、梨子的箱子裡也會塞著滿滿的米糠。這麼說來，這些米糠如今都用去哪兒了呢？

譯註

1 發明者為菲爾丁（Alfred Fielding）與夏凡（Marc Chavannes）。

2 作者所指應該是發泡水過套。

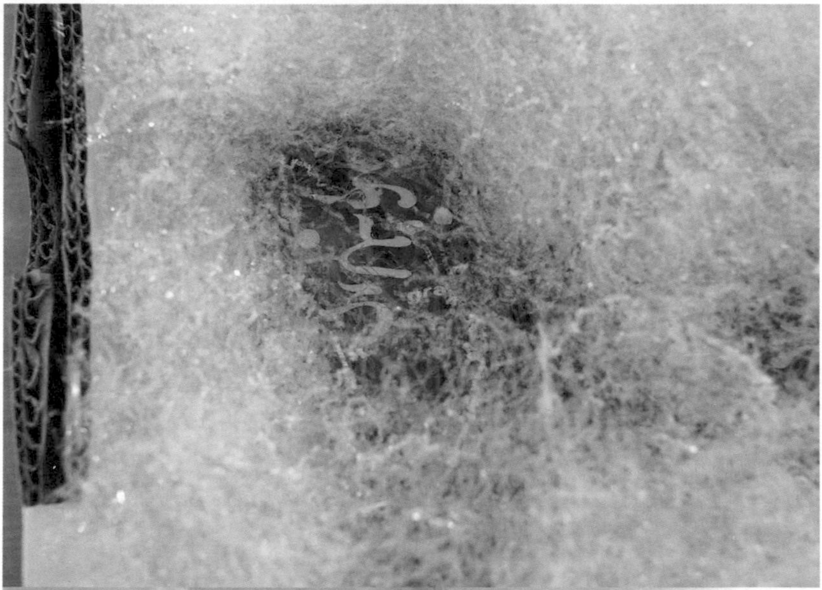

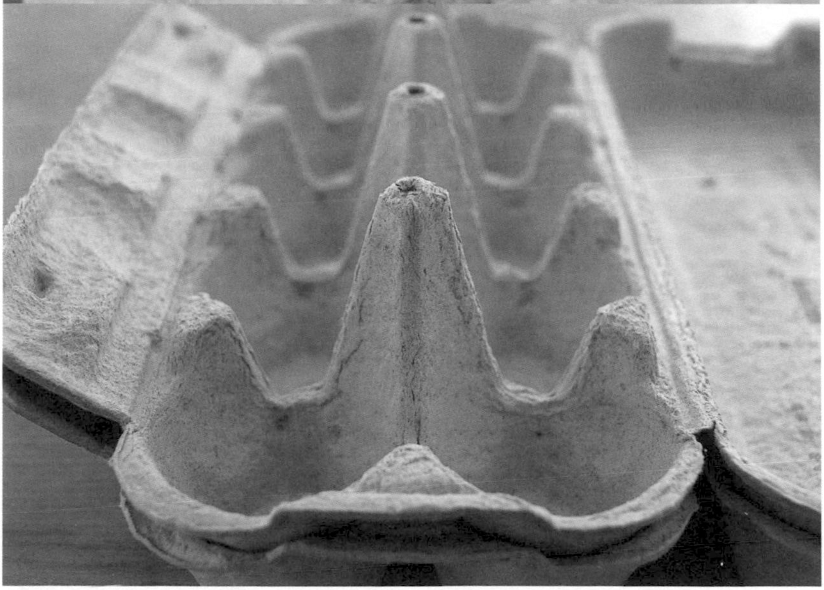

擦拭布
總之就要揉洗

擦拭布是我一直揮之不去的夢魘。

「你這樣不行啊！」總還聽得到老師不滿的嘆氣，兒時被老師如此責罵在心頭留下的烙印，至今仍隱隱作痛。

那是五年級家政課女老師對我說的話，到現在我還忘不掉，她教我們「擦桌子的是擦拭布，擦地板的是抹布」，說得如此果斷、無可動搖。

「擦拭布跟抹布是不一樣的，一直維持白淨的是擦拭布。」

教室裡突然一片寂靜。

「一直維持白淨的是擦拭布」這句話如迴聲般記入我腦中。

我覺得擦拭布原本就是個極不合理的東西。拿來擦拭，不就會沾上污垢嗎？越用就越遠離白淨的狀態。然而，擦拭布越白，換句話說，越乾淨越讓人感到心情愉快，所以才惱人。每當為新的擦拭布拆封時，總讓我替它的前途感到憂心：「這樣的白淨能維持到幾時呢？」那心情是既痛心不捨，又想要替它的長壽祈福，十分複雜。

後來學到的方法總不出這兩種：

一是不時以熱水煮它，

二是定期浸泡漂白水。

再加上一個祕傳的方法，只要每天遵守，就能長時保持潔白：

邊洗邊搓揉。

這是某料理家教我的手法，這位料理家鑽研廚藝有半個世紀以上，而得出此一心得，他說一整天的工作結束之後，用掉的擦拭巾可堆成一座小山，然而他從不交給別人，一定是自己親手洗。「污垢會滲入纖維之中，所以與其說是洗，更接近是將髒污引到纖維之外，是以得在熱水之中搓揉才行。」

我照他教的方法實際去做，污垢果然如他所說的，從纖維內側不斷地滲出，致勝關鍵在於「誘導」髒污，接著馬上以熱水煮沸。小時候如果家政課的女老師可以教我們這招就好了。

不過，就是因為那時沒學到，才會讓我如此想知道還有什麼方法。拜那老師之賜，「擦拭布是白淨的」這句話刻印在我腦中，促使我日日像是被什麼逼迫似地非得對擦拭布又搓又揉又煮又漂白的，在理想與實學之間不斷追求最佳的方法。至今仍無法不去煮擦拭布，說不定是因為至今仍害怕著女老師監視的眼神。證據在於當已用髒的擦拭布終於怎麼洗也洗不白、轉而去當抹布時，我有種被解放的感覺，大大鬆了口氣。

手套

兩個成一雙

左右兩隻成一套，手套得要左手與右手都存在才是完整的一組，卻有人說「就算掉了一隻，我還是捨不得把剩下的那隻也丟了，就戴著一隻，另一隻手插在口袋裡。」這真是打破我對手套得要兩隻都在才成立的先入為主觀念。

有時會因為看到形單影隻的倖存者而胸口揪了一下。不知是被遺忘了還是不小心掉了，遇見孤孤單單地被丟棄在路邊的那隻手套，我總忍不住想要佇立在一旁，緊緊盯著它。想像另一隻被拆散的手套會有多消沉，我也不禁跟著哀傷了起來。

前些日子，我在郵局寫匯款單的櫃台上發現一隻米白色羊毛手套被丟在那兒。那隻手套細細長長，應該是女用的，而且手背的部分還以細小的珠珠刺繡裝飾，花樣十分古典而高雅，可以想像是年長者的品味。一定是為了好書寫而將慣用手那隻手套脫下來握筆書寫，然後就這樣將脫下來的那隻忘在原地，轉身去到服務窗口，辦好事情便離開郵局了——我雖沒有實際目擊這一幕，卻完全可以想像老婦人一連串的動作。不過她一定沒多久就會發現少了這一隻，並回頭來找吧！在銀行的自動提款機前也常遭遇到有相同情況可憐的單隻手套，我都會忍不住對它說：「乖乖再等一下」，並祈禱它的主人快點回來接它。

手套還是得要兩隻都在才能發揮效用。有時在路邊看到手套，兩隻一起掉在地上，心想可能是從外套的口袋滑落吧？反而讓我比較不那麼擔心。

我會那麼在意孤單的手套，可能是小時候讀了新美南吉的童話而影響深遠吧！

那是一篇新美南吉寫的一則短短的童話故事《去買手套》，在滿地積著閃亮亮白雪的深冬裡，某天出來玩雪的小狐狸對狐狸媽媽說：「媽媽，我手手好冷喔，手手凍僵了。」

狐狸媽媽看到小狐狸的手都凍出紅瘡，十分心疼，於是把牠的一隻手變成人類的手，並帶牠到鎮上的帽子店去買手套。挑好了手套要付錢時，小狐狸伸出手要接下手套，但牠伸出來的竟是沒有施魔法的那隻狐狸手，人類老闆假裝沒有發現，還是將保暖的手套遞給了小狐狸。反倒是狐狸媽媽心生懷疑，忍不住碎念「人類真有那麼好心的嗎？」

我第一次讀到這個故事時，心都揪了起來「小狐狸若只伸出一隻手，那不就只能買到一隻手套？」竟然生起狐狸媽媽的氣，「為何不將小狐狸的兩隻手都變成人類的手呢？」所幸最後小狐狸還是順利接下一雙手套，我才放下心來。

這個冬天，我在雪中走路經過一所小學，發現操場與外頭所隔的鐵網上掛著一隻手套，當時也讓我心頭緊了一下，大概是有人在路上看到它，撿起來掛在那兒的吧！

（乖乖在這裡等喲！）

見此，我有些難過也有點欣慰地對那隻沾滿了雪的紅色毛線手套說：「希望你的主人早點回來接你。」

展示櫃

人世萬相圖

展示櫃就像是人世的縮影。

大宇宙與小宇宙，全體與一部分；聖與俗，全都密集收攏在這四方空間之中，讓人可同時鳥瞰全體，一覽無遺。在它的前頭一站，腦中立即資訊大爆炸，有點陷入瞑想狀態。

一站在展示櫃前，就苦惱得要命，從小時候便一直是這樣。第一次自覺到有這種情形是在百貨公司美食街。那是一個星期日的中午，我與父親母親妹妹一家四口來到百貨公司，朝位在高樓層的美食街走去，然而一到美食街的入口，遇上巨大的展示櫃，我突然感到胸口一緊，遭遇了人生的一大難關。

那感覺像是裡面的食物模型看來親切地向你招手，事實上卻夾帶著壞心眼故意在刁難你似的。歐姆蛋、雞肉炒飯、肉醬義大利麵、壽司、天婦羅、鰻魚飯、豬排飯、兒童套餐，還有各式飲料甜點如奶油蘇打、霜淇淋、香蕉船……，應有盡有，可是你只被准許從中選擇一項。我的內心激烈地顫動，不可能，我絕對辦不到，無法簡單地將眼神從這一項移動到下一項，深深地陷入感情的漩渦裡。

然而展示櫃卻不放過我，持續不斷地招呼著：

「這裡什麼都有喔！」

緊接著又說：

「你只能挑選一項，其他的全都得放棄！」

先展示了那麼多東西，又教人只能選一個，真是太殘忍了啊！只要看到了，這也想吃那也想吃，完全無法動彈，只能呆立在展示櫃前，「快點決定要吃什麼！」被家人拉著的手像是被戴上手銬般動也動不了，當下的那種混亂，我想忘也忘不了。

長大之後，多少學聰明了點，盡可能不去看展示櫃裡有什麼，將視線避開那一帶便可不受影響。當然進到店裡還是得看菜單，這是另一個關卡，但這時候得要一行一行地「讀菜單」多少有點幫助，因為得要經過讀取、想像、思考的步驟，可以慢慢一步一步闖關，這麼說來，問題可能出在我沒有站在至高點鳥瞰、思考的能力吧！

若只看細部，沒有比展示櫃更讓人興奮得無法思考的空間，在製作者的巧手之下，模型細緻到快與實物沒兩樣，看得人目眩神迷。壽司卷的切面，壽司飯粒粒分明；滑溜的蛋白鮮嫩欲滴；蒲燒醬汁閃閃發亮，引人口水直流；外皮酥脆的可樂餅、炸豬排、炸魚排，真想趁熱咬一口……，每看一樣都讓人得吞一口口水。還有食物模型專家使出看家本領的作品，像是叉子捲起義大利麵浮在半空，躍動感十足，而大阪知名螃蟹料理專賣店「螃蟹道樂」的那隻紅色螃蟹招牌應該可說是日本最大的看板吧？且還不僅於此，更厲害的是蟹腳的關節還會上下擺動，栩栩如生，成為最引人注意的活動風景。

成功的食物模型會讓人忍不住回頭，一看再看。

承受展示櫃的叫喚，得要有十分的覺悟。不過，原本活力四射的展示櫃一旦成了化石，也特別教人難過。經過數十年的歲月，風吹日曬雨淋下的展示櫃玻璃有點破損了，裡面所放的中式炒麵、蛋炒飯宛若岩石，多希望自己能有魔法可以讓他們回到過去，重現當年勾人食欲的模樣。

自由軒

自由軒
織田作之助好み
名物カレー

所以才教人在意

店長

店長好厲害喲

「請問～我的義大利麵還沒好嗎？」

「這邊，請給我水。」

好，馬上來。請等我一下。

客人叫喚聲此起彼落，空檔之間還得飛快地進到廚房去下指令、站在收銀台前結帳、注意剛來還沒上手的工讀生事情做得如何。我隨機走進街上的一家義大利餐廳，發現一位有三頭六臂的超人，看他胸前別的名牌，寫著「店長」二字。

一掛上「長」字，就夠讓人累的了。

「班長」打飯、蒸便當、消防演習事宜等等，全都是由班長負責管理。

「級長」二字平常只是別在胸前的徽章，有事發生時，就得要有很好的應變能力處理善後才行。

「組長」與其說有很好的統領能力，更需要在精神領導上的向心力，從寶塚到黑社會的各個組織裡，都靠組長來統御基層的組員。

「隊長」與「組長」是相同的。

在公司組織裡則還有係長、課長、部長，這些「長」字輩都是因人際關係而存在。

區區一個「長」字卻是沉重的。有些若只是為了自己，可能就會輕易打退堂鼓的狀況，卻因為身為班長、級長、組長，就得被推著一馬當先。反過來亦然，有些人因為稱了「長」，就不斷力求精進、改頭換面、頭角崢嶸，區區一個「長」字，有著難以抗拒的魔力。

話題回到店長的身上。

一聲「店長」是多麼沉重的稱呼，是一國之主，得一肩扛起責任者的重量，昂然而立。

「店長！」

傳來的瞬間，不由自主的緊張感竄過全身，令人緊繃。實質上是基層員工的監工、指導者，也是現場負責人，得對營收、人事費、成長率等各種成績負責，不僅要對客層、當地的地域特性有一定的把握，也得親自接待客人作為其他員工的典範，一人即擔起關於教育訓練、服務、經營等各方面的責任。

然而，做這麼多卻又不是老闆，往上一看，整個公司都盯著你。

（這裡就交給你負責囉。）

公司在後頭盯著你。

你不能只顧著客人的感受，如果底下的員工心情不好也無法好好做事，一味聽從公司的指示在現場恐怕派不上用場、叫不動人，有時甚至會有人在背後說你是「有名無實的傀儡店長」，使得店長隨時隨地都戰戰兢兢，一刻不敢鬆懈。

店長真的不是普通厲害。雖是稱「長」，有一定的權限在握，然而也是中間管理職，上有高層、下有基層員工的三明治主管，這點我非常能感同身受。

不過，有能力的店長並不會消沉或自暴自棄，對於自己應負的責任會一一實行，有時甚至會捨身從危險的高崖上一躍而下，正因為有肩膀有擔當，讓人會願意跟著他，既然要患難與共，當然會希望是在有能力的店長手下工作。

從一間店的店長模樣，大致就能看出這間店到底能不能好好經營下去。前一陣子我經過百貨公司去地下街逛了一下，發現賣場遠遠的一角有名店長（這時應該稱為樓管才對），遠遠地站在那兒像個幽靈似的，我不禁替他的未來感到憂心。附近的便利商店店長原本是一名中年歐吉桑，自從他走了之後店的氣氛馬上就變得明亮光鮮，不知是我想太多嗎？感覺連待很久的歐巴桑店員態度也變得超好。

店長的身影有如社會的縮圖，是以我每每都會在心中拚命為他們搖旗吶喊：「店長加油」。

大與小

人生一大事

偷偷地瞄向隔壁，發現那塊煎餅比較大。委屈不甘的眼淚快掉出來的那一刻，硬是把淚滴逼回去，將視線移回自己的那塊煎餅上，果然比較小一咪咪。

每次到了點心時間都很難熬。因為很奇怪，大部分都是旁邊的人會拿到大一點的點心，這種好運永遠輪不到自己。別人手中的那塊看來比較大，這個世界就是這樣不公平。

「我就是這麼倒楣。」野田說。每次家裡有人送點心來，母親總是會命令身為長兄的他切分給大家，不論是蜂蜜蛋糕、羊羹、蛋糕，都被迫得要乖乖地平分成四等分給家中的四個人，總讓他覺得不甘心。

「小我五歲的弟弟憑什麼跟我吃一樣大塊？這一點都不合理吧？可是若沒有均分，我就會被罵說不公平、很奸詐之類的，那份不甘心一直到今天我都已四十二歲了還忘不了。」

這麼說著的野田，不知不覺手握起拳來。

我懂，人生第一次遭遇到大小問題的時候必是發生在兄弟姊妹之間。父母都會強調對哪個小孩都一樣平等，卻會以「你是哥哥／姊姊，所以要讓弟弟／妹妹」這種不合理的道理來逼你讓步。然而在社會上若是要求平等，就會被人家說「也計較太多了吧！」

有次附近的玩伴找我們去參加教會，聽說去了有點心吃，便傻傻地跟去了。一手拿著聖經的牧師傳道曰：「你們要給人，就必有給你們的。」（《新約聖經》路加福音第六章）

咦！是這樣嗎？於是我學到了這世上有真心話與表面話這兩套標準。

然而風水輪流轉，事態逆轉的那一天終究到來。長大之後，竟然變得希望得到少一點：飯也好菜也好，都要求少一點，在定食屋吃飯，總不忘叮嚀一句：「不好意思，我的飯小碗的就可以了。」看到大的蛋糕或是一大份的大阪燒總覺得害怕，羊羹不想要切太厚的，薄一點比較好。也許有人會覺得這未免太窮酸了吧！但沒辦法，不想讓胃的負擔太重，吃完後不那麼難過，甚至漸漸開始在吃這餐時就得考量到下一餐要吃什麼比較舒服。

已經到了得優先考慮健康的年紀了，要是照年輕時那樣愛吃就吃，身體肯定會受不了；且更重要的是重質不重量，否則萬一吃不到好吃的東西，損失可就大了。

不過要習慣吃少一點得要經過嚴謹的訓練，首先得先讓頭腦記住東西吃得少也能感到滿足，方法是慢慢地吃，充分咀嚼，換用小器皿。經過一個月的努力，身體就會慢慢習慣，一點一點地，目測的感覺也校正過來。在這樣調整的過程裡經過不斷的練習，身體也逐漸輕盈了起來。

又大又多的食物堆在那兒，是多麼充盈豐富的畫面啊！然而，近來我卻只會朝分量小的伸出手去，一旁彷彿還聽見不知飽為何物的傢伙取笑著我說：「什麼嘛，只吃這麼一點是在辦家家酒嗎？你的胃未免太弱了吧！」唉，我小時候應該也無法想像自己有一天竟然會因為拿到小份的食物而感到開心。

指甲

刺激情感

我曾經失去小指頭的指甲。

不是整隻小指頭都沒有了，是它尾端的指甲。面積雖小，僅有幾公分猶如貝殼，但每每想起當時的疼痛與喪失感，都讓我打從心底害怕了起來。一開頭就帶到這麼令人不快的話題實在抱歉，然而這件事對我而言是想避也避不掉，真真正正的「痛的往事」。

事情是發生在某天我搭乘計程車抵達目的地正要下車時，才剛開啟的車門不知為何又馬上關了回來，啪地關上的那一瞬間我急忙伸手去抵擋的左手小指尖便不偏不倚地被夾住了，激烈的疼痛感伴隨著噴發的血洶湧而來，想止都止不住，沒辦法只好像是個被處罰舉手的學生般將左手高舉過頭，這樣的姿勢維持了數個小時才好不容易止住了血。隔天早上我強忍著強烈的痛楚，心驚膽顫地看向自己的指頭，發現左手小指末端僅存的一釐米指甲已浮了起來，隨時都可能剝離，十分慘烈。

指甲像片門板啪噠啪噠地開開闔闔，那光景實在太讓人觸目驚心。不，我可以客觀地感到恐怖還得再經過十天左右，在那之前光是最小幅度的振動傳到指尖都可以引發極度的疼痛，讓我幾乎要昏厥過去，簡直就是身處於地獄之中。

也是在那時我才切身感受到原來指甲真切地與皮膚相連繫著，緊密到忘了它的存在，然而就是這樣緊緊相貼，才會在出現了一點點的分裂後，指甲就變成了可怕的地雷。若不是經歷過那時指甲有如門板開開闔闔的狀態，我恐怕不會去意識到指甲與皮膚的親密關係。

失去指甲的手指，機能急速下降。比方說，沒辦法剝橘子。剝橘子首先得將指甲立在橘皮上，大姆指一用力指甲率先扎進橘子的皮與肉，雙手各往左右兩邊一掰，橘子一分為二。指甲既是能幹的嚮導，也是一馬當先的保鑣，因為有堅毅的指甲作為馬前卒，手指才有放膽進攻的勇氣。

我那搖搖欲墜的小指甲經過三週之後，如枯葉離枝般輕輕剝離了，它掉了之後，小指的模樣更是讓人不忍視睹。原以為指甲可有可無，直到失去它，手指完全無法使用，重要的時刻也無法施力，尷尬得可比被人提醒自己忘記拉拉鍊一樣。

這時才知道指甲主導著手指的工作，得要有指甲，才能拉拉環開啤酒罐，才能剝水煮蛋的殼，才能把法國麵包撕成小塊，才能剝栗子殼，才能撕魷魚乾，才能包水餃。

小學時代必定會有「清潔檢查」的時間，便會檢查手指甲。所有小朋友得把雙手放在書桌上，由導師走過每一個人的桌邊仔細盯著你的每根指甲確認是否清得乾淨，現在想想真的是昭和時代才有的溫馨風景。導師看過之後會認真地打上○、△或×的記號，至今仍令我十分懷念。被打×的人因為指甲不乾淨，就不能當打飯小幫手，還有指甲髒的男生就特別不受女生喜愛。

指甲的面積那麼小，卻很能刺激人在生理上的情感。要是任由它生長都不修不剪，會給人一種不淨感，反過來要是剪得太短，又讓人看了就無來由地覺得痛。大小、長度、寬度，修剪整齊否，每個人都有自己的指甲樣式。

話說回來，我的小指頭的指甲脫落之後，開始慢慢地有如筍子般一節一節地長出可比新生兒指甲柔軟的新指甲，等到它完全恢復到原狀，小指頭的功能完全復活為止，可紮紮實實地花了六個月的時間。

刺
比針還痛

有次，我坐在一間狹小中菜館的紅色吧檯前，正吃著糖醋排骨定食時，突如其來的問句問道：

「斑馬為何身上要長出直條紋？」

我急忙轉頭朝聲音的來源一看，原來發問者是電視節目中的主持人。此刻的畫面正是滿滿的一群斑馬。呃，我想想，我對一旁正以筷子挾著肉要塞進嘴裡的同伴說：「是為了欺敵吧！讓對方看得眼花撩亂。」說完，我便接著喃喃自問道：「那牠究竟是黑底白條紋還是白底黑條紋呢？」才答完一題又冒出新的問題。

一大群身上長著同樣條紋的動物聚在一起，就會形成一個大群體，讓他者看不清個體的存在，這是一種巧妙的防禦，也可以說是較節制的攻擊吧！並非只有作聲吼叫而後應戰的才叫做攻擊，斑馬身上的條紋不就像是「刺」，對打著壞主意的闖入者必定不會輕饒，因此與其說是防禦，更接近攻擊。

海膽、河豚、海參、海星，水中的有刺動物讓人不敢輕忽大意，陸上的有刺動植物也一樣教人敬而遠之，特別是光想就讓人害怕得要發抖的栗子的刺，被它刺到的激烈疼痛恐怕是無人能比，那可不是唉喲一聲就過去這麼簡單，就算只是碰到一點點尖端，皮膚一碰觸的瞬間，全身像是有道強勁的電流般貫穿過，有如嚴刑拷打。是要對這個世界抱著多大的恨意，才會長出這麼恐怖的刺啊？

我的工作室後方有片栗子園，在園主用心地照料之下，每年秋天都是大豐收，收穫量之大總是讓我嘆為觀止，我一天會經過那兒好幾次，便也順便觀察著栗子樹的成長。每年到了梅雨時期，突然抬頭便可發現枝頭上掛著薄荷綠的小球，遠看像是樹上掛滿了鈴鐺似的，一走近，便會發現它的刺一根一根地剛長出來，還很嫩；伸出指頭去碰一下，柔柔軟軟的，很療癒。然而，隨著秋天的到來，小球逐漸轉成咖啡色，也漸漸由軟轉硬，一進入十月，可是輕輕一撥還會ㄉㄨㄞˊ地回彈，接著整個開口笑，露出裡頭光澤明豔的栗子來，裡頭的栗子越圓越可愛，重量越發增加，一旦太重便掉了下來，好奇想去拾起，一不小心被扎到，竟比被針刺還痛。在經過夏季的酷熱與風雨的鍛鍊，栗子的刺一點一滴地磨得既尖又銳利。

只是，外頭的刺越是強力阻擋外侮，裡頭的東西越是誘人。海膽也是，千辛萬苦剝開硬殼才得以一親芳澤，那風味更是讓人感激得痛哭流涕。

即使如此，刺還是令人痛恨。被扎到的疼痛之深刻，只有被刺過的人才明白，而且刺這玩意兒可是會將被刺瞬間的痛楚深植在癒合的傷口上，永生難忘，實在可怕。

最最恐怖的是以為已經清除卻還深深扎在心上的那根刺，它可能是某人的一句話、某個場景、某件事，想忘記卻總會不經意地想起而刺痛著，此時才發現原來它從未清乾淨，還留下斷枝在心頭。你也只能告訴自己總有一天會拔掉的，只能假裝自己不在意。明知道那兒有刺還想靠近，也算是種壞習慣吧！

記憶

在心底持續呼吸著

二〇〇七年夏天，我在能登半島走了一圈之後寫的紀行文裡有這麼一段話：

「現在只要一通電話，很多美食都可以宅配到府，然而吃在嘴裡的當地風味卻少了許多樂趣，空氣、感覺、語言，總之與那塊土地相關的一切都褪了色，就算能夠靠想像補充，卻成不了生動活潑的記憶。」（《西之旅》vol.15 2007）

那是一趟貫穿整個能登半島並深入當地生活的旅行。比方說，我們採訪了以生長在能登海裡的石花菜製作石花凍的過程，拍下的照片捕抓到米田婆婆手撈石花凍的瞬間。

「石花菜得洗過、曬乾，再經過雨水二到三次的洗禮才能將紅色素脫去，成為漂亮的白色。」

石花菜得用大鋁鍋小火慢煮，熬出膠質後倒至調理盤冷卻，放涼後凝結成半透明的凍狀，這張照片便是婆婆雙手伸到石花凍下，正要捧起的瞬間，傳遞出那長方塊成了活跳跳的生物，在米田婆婆手中掙扎扭動的動感。那個廚房的一角有座年代久遠的櫥櫃，散發著水飴色的油亮光澤，茶几上蓋著菜罩像是撐開的一把小傘。

另一張照片拍下了一群媽媽戴著藍色塑膠手套專心地與堆成一座小山的銀色飛魚奮鬥的模樣，拍攝地點在輪島港邊。媽媽們以秒速動作著，快手替魚去頭、背鰭、內臟，其中有一位媽媽放慢手邊動作，從身上的圍裙口袋中取出手機，撥電話找人：

「要不要來幫忙殺魚？」

口吻聽來像是打麻將三缺一，得要再招人來湊桌。

順著雜誌頁面吹來的海潮味，我翻看著一張又一張的照片：海邊曬著石狗公做的一夜干，以繩子綁著吊掛在屋簷下風乾的手工燻製柴魚、以醃魚包著糯綿醋飯的醃魚壽司，從玻璃瓶中夾出的醃海參腸……，歲月全都濃縮在方寸之中。對了，還有去拜訪老店「まいもんや浜中」(maimon屋 浜中)[1]擅長製作醃魚壽司的老婆婆時，她正忙著醃梅子，兩手被紫蘇染得紅通通的。

記憶就像是長出手般，一個拉著一個冒出來。

在矢波的「郷土料理の宿 さんなみ」(郷土料理之宿 三波)拍的那張照片留下了當下的食物氣味，讓人念念不忘。這些多到快數不完的照片，我明明早已看過，更別說全都是親身參與採訪拍照，然而當它們再度映在我眼前時，卻像是初次見到的光景般抓住我的視線，深深地滲透至心裡，這些畫面是如此靜謐，然而複雜光影之皺褶裡卻也隱含著不安定，傾耳細聽，便會發現原來是那在能登半島上四處都有的、噗滋噗滋的微弱發酵聲。

民宿三波所端出來的那些鄉土料理，都被完美地記錄下來，美得讓人心醉神迷。有放在柿葉上、用炭火培過、經三年熟成的米糠沙丁魚，還有將鰤魚的魚鰓與鹽一同熟成發酵的深紫色鰤魚味噌，當地人稱為黑影，外觀是一坨黑黑的不知到底用啥做的怪東西，但嘗過之後就會不斷伸長筷子挾一口、再一口，吃完還得忍住想舐筷子的衝動。

另外還有道當地稱為からもん（KARAMON），將十二種鹽漬蔬菜全都裝進一個大盤子端上桌的一道菜，裡面有蜂斗菜、莢瓜蕨、とっこん（TOKKON）、芝茸（或稱乳牛肝菌）、茗荷、柚子、小黃瓜、紅蕪菁、茄子、菊芋、漉油（五加科山菜）、蕨菜。看似平凡無華的一張照片，卻像是要讓人正面迎向能登的風土氣候似的，從正上方俯瞰的角度按下快門。我也從俯瞰的視角看著拍攝「からもん」的這張照片，那天以筷子挾起的十二種蔬菜，每一片葉子、每一根莖、每一薄片、濃重的鹹度，十二種風味都深深根植在我的味蕾上。腦中的記憶還有高飽和度的照片所帶來的記憶喚回了那天的味覺體驗——我忍不住吞了口口水。

拍攝這些照片的攝影師小泉佳春不敵病魔的襲擊，在二〇一一年八月六日去世，僅僅五十一歲的年紀，實在是走得太早，身後留下許多令人印象深刻的照片。民宿三波也在去年春天收了起來，已無

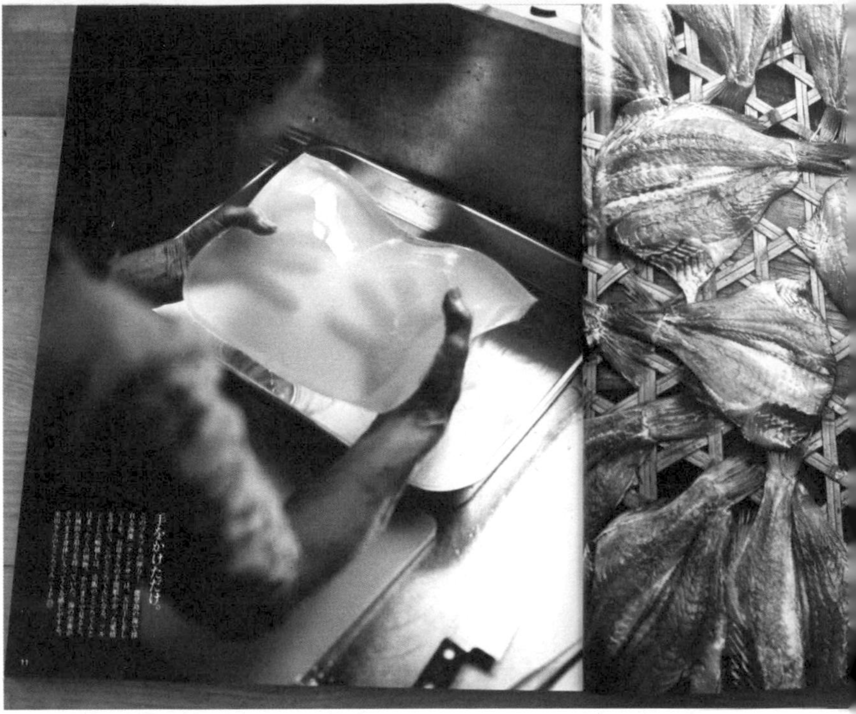

緣再見[2]。

未來我還會再度到能登旅行吧！那個時候，我曾有過的龐大記憶又會帶出什麼來呢？

譯註

1 まいもん為能登方言，意指「好吃的東西」。

2 二〇一一年三月因民宿主人暨廚師身體出狀況，一度歇業，如今已由女兒夫妻重新開始營業，因負責掌廚的女婿為澳洲人，是以改供應以當地食材烹調的西式料理。

輸
專家的必殺技

「我啊，感應到『就是這裡』的時候，就差不多要贏了。」

這句是繁三先生的口頭禪。他明明不賭博，卻好像頗喜歡「就要贏了」這句話，好幾次不論是在咖啡廳還是居酒屋裡都聽過他這麼說，所以應該不是藉酒裝瘋說的醉話，而且有時還會更加碼地說「就要大贏了」。每當他要說出「我啊」、「感應到『就是這裡』」的兩秒間，總習慣將下巴向前伸之後抬起。（這已成為他的招牌動作，我每次看到都覺得很有趣。）

可是，繁三先生的朋友都說他：「從來沒贏過」。

我不清楚他自己知不知道別人是這麼形容他的，不，說不定他就是知道才會把那句話說著說著成了口頭禪，也因此大家都稱他「老是輸的阿繁」。

繁三先生其實只要稍微強勢一點，就能讓事情順著他的意思，然而每到這種時候他總是退讓。

我在一旁看著，發現他退讓的方法非常乾淨俐落。比方說，與人約時間，要是剛好與他原有的行程撞期，他還是會說：「我隨時都可以，看你方便。」在居酒屋要開一瓶燒酌時，問要喝哪一種，芋頭、麥子還是黑糖的？他都會答：「我都可以。」不過日後我慢慢察覺到繁三先生會在約好時間之後，再去調整自己的行程，燒酌其實他比較喜歡喝麥子做的。

由於看過好幾次這樣的狀況，我越來越明白究竟是怎麼回事了。繁三先生完全沒有意識到自己「老是輸」，當然連「我輸了」的自覺都沒有。只是單純覺得為了要贏還得要小心翼翼、如履薄冰實在是太麻煩了，打從心底厭惡著要巧妙盤算或是要些小手段的作法。

有次不知是幾年前，我坐在一間滿面落地窗的咖啡廳裡喝茶，看到繁三先生路過，我連忙向他招手，他發現我也舉起手跟我打招呼，邊走進店裡來，說：「正想喝個東西，可以坐下來跟你一起嗎？」我當然就邀他坐下來，邊喝茶邊聊天。我們就這麼漫無目的地東聊西扯途中，他問我知道G大道上開店的妙齡美女一人經營的蛋糕店嗎？

「我知道，那家很好吃喲，我還滿常去的。」

「唉，我在外面看也覺得應該很不錯，可是漂亮女子一人經營的店，我實在是沒有勇氣推門進去，光想就足以讓我嚇得發抖了，根本輸慘了。」

繁三先生真是太可愛了啊！哪有什麼贏或輸的，對方根本也沒這麼想啊！我雖是這麼跟他說，但他的心意其實我很能理解。

輸了會想扳回點顏面是人之常情，但這麼一來就非得要求勝了——為此得要用些小心機，這對繁三先生而言實在太痛苦。君子不立於危牆之下，這種情況下的「危牆」指的不是別的，而是自己。日本也有句諺語曰：「武士非到必要之時是不隨便出門」，因為真正難以控制的是無法預測或推算的自己的心。從那天之後，我更加對繁三先生敬重，偷偷將他定位為「人生專家」。

不過話是這麼說，我還是希望有一天能夠親眼見證繁三先生「感應到『就是這裡』的時候，就差不多要贏了。」的時刻，我相信那樣的繁三先生一定非常帥氣。

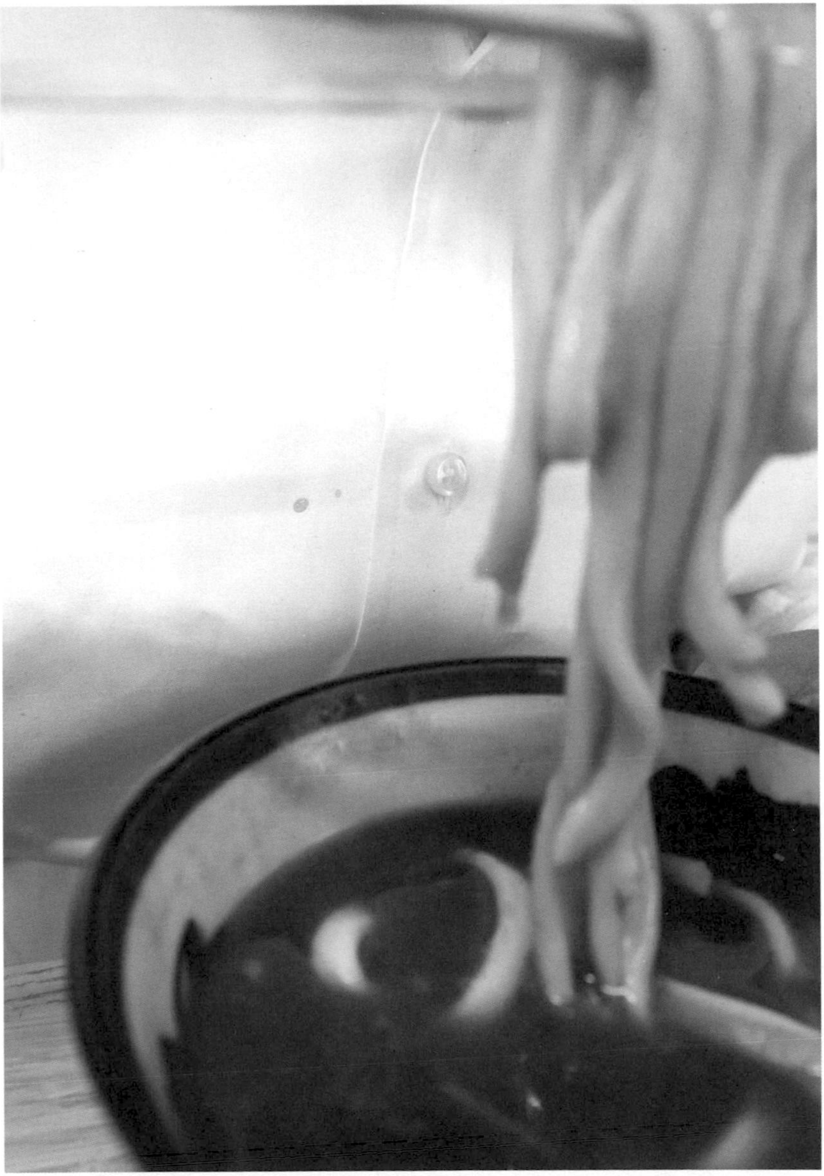

吃飽

活著真好

我家庭院不時會有長尾巴的鳥兒光臨。說到這兒，想起昨天的枝頭上也停著一隻鳥的事。早上，天氣晴朗，我在與隔壁相鄰的圍牆上撒了些麵包屑，沒多久，有隻鳥兒不知怎麼察知到那些麵包屑，便飛來啄了一口。

啾啾啾。鳥兒的嘴上下動著，鎖定目標、精準地銜了一口。我在窗子的另一側感動地在心中念著「牠的動作沒有一絲多餘呢！」

鳥兒留下大半的麵包屑，拍拍翅膀又飛走了。我望著殘留在牆上的麵包屑，忍不住想：只吃那麼一點應該不會飽吧！不，說到底，小鳥是否從來都不曾吃飽呢？我們一直都認為牠像是仙人一樣，不食人間煙火。等等，說不定只是牠不喜歡那麵包屑，才會很乾脆地吃一口就放棄了？我看著小鳥毫不猶豫飛走的身影如此想著。

明明可以吃卻不吃。

因為不想吃而不吃。

不論是哪種，可以不受欲望牽制，實在了不起。另一方面，也讓我想起開高健為 Tory's Whisky 所寫的廣告文案：

「真想活得像個人。

但人到底是什麼？」

吃飽是人的欲望本能。儘管其實不必吃到十分飽，但就是想要吃到脹，撫摸肚子的那種安心感。追求飽足的幸福感是人的本性，已脫離了食欲的範疇。

我很喜歡的一個畫面是一九三八年亨利・卡蒂亞－布列松[1]在法國的一條河邊所拍攝的照片。畫面中有四名中年男女（說不定是兩對夫妻）面對著河，坐在草地上野餐，邊看著河面上載浮載沉的球。伸長了腿，身體往後傾的四人身形豐滿，從背影就感覺得出T恤緊貼在身上，繃得肉都快擠了出來。右方的女子上半身只剩襯衣，露出肥滿的手，手上抓著的是一隻雞腿吧？一旁是橫躺的空酒瓶，用過的盤子，顯現他們已吃飽喝足，然而畫面左手邊身穿吊帶褲的男子正拿起紅酒瓶為自己的杯子斟酒。

雖看不見四人的表情，但可以感受到他們的背影散發著「滿足」的氣息，一面謳歌著吃的歡愉，但不僅於此，這張黑白照片厲害的地方是畫面充滿著無限的幸福感。在按下快門的一瞬間捕抓到這完全呈現著吃飽與滿足的關係之一景，永恆地留住展露人性本質的一刻，布列松捕捉人性的眼光如此銳利，真是讓人敬佩。

真正的飽足並不在於吃下的食物多寡，不是肚子裡所能收納的食物量，而是停留在胸口幸福的分量。沉浸在「啊啊！好好吃啊！」的滿足感之中，感覺到活著真好的喜悅，心為之寬闊而柔軟；就算後悔或反省隨後就到，仍然不敵此刻的幸福感，「唉喲，沒關係啦」這就是人性啊！

譯註

1 亨利・卡蒂亞－布列松（Henri Cartier-Bresson），一九〇八－二〇〇四，法國攝影大師，被譽為「現代新聞攝影之父」，一九五二年〈決定性瞬間〉一文，被奉為報導攝影界的聖經。

中国料理
萬福飯店
ランチ

久候多時的丼飯

外送

久候多時的丼飯

「我叫外送時，大多會叫上兩人份。」

單身獨居的真紀子這麼說，我馬上接著問：

「是因為一個女生自己住的關係嗎？」

我會直接聯想到這個原因，是緣自以前曾經聽一位從事房仲業的阿伯說的一段話。這位阿伯在最熱鬧的車站商圈裡的一間房仲公司待了幾十年，對於單身在外租屋的女生總會像是代替人家老家的父母照顧她們的心情，熱切叮嚀著許多安全上的小事，比方說，門牌上只寫姓氏，不要寫上完整姓名比較好、洗好的貼身衣物最好晾在窗邊，甚至是屋內更好，有人來收管理費或是來推銷東西，不可把門全開，一定要掛著鎖鍊應答才安全；還有，如果要叫外送，避免只叫一人份，因為吃完後的一人份餐具大剌剌地放在門前讓店家來回收，等於是向世人宣告「我是一個人住」，十分危險……等等，這是這位公認也自認為地下里長的阿伯多年來的心得。聽我說了這一段話，真紀子搖搖手，答：

「嗯，並不是這個原因。」

安全論便被打槍了。我鍥而不捨地再問：

「還是說，是顧及觀感？」

會這麼想，也是因為我曾聽過一位朋友如此「自白」。我這朋友的先生是忙碌的銀行員，時常連假日都要加班，她一個人要帶三名幼兒，孤軍奮戰之中，簡直隨時都想舉白旗投降。偶爾娘家的母親可以幫忙帶小孩的日子，她說會請附近的鰻魚屋外送餐點，讓自己喘一口氣，可是叫外送也會出問題。她說，一個人去吃鰻魚飯，總覺得太奢侈，對家人過意不去，叫外送在心情上比較能接受。然而，讓店家只為了一人份的餐點而跑一趟，又覺得不好意思，而且因為鰻魚店就在家附近，只叫一人份的鰻魚飯，會被鄰居指指點點說是自己在家吃好料，真是浪費云云，實在惱人。聽得我不禁嘆息：「叫個外送還要顧慮這麼多，也太麻煩了吧！」朋友聽了立即火大地說：「社區裡的人際關係有多麻煩，你是不懂的啦！」

聽我說這段話，真紀子再度搖搖手，也否定了虛榮說。對於一個人為何要叫兩人份的外送，她是這麼解釋的：

「也許多多少少帶了點考量到安全或是觀感的問題吧！不過，我最終的目的都不在那兒，主要是我喜歡醬汁滲進飯裡的炸豬排飯，那種窮酸的味道讓我十分著迷。比方說，我會在星期六的中午叫外送，點一份鍋燒烏龍麵與一份豬排飯，鍋燒烏龍麵當午餐，晚餐則是吃中午就一起送來、還沒動過的豬排飯，那可說是人間美味啊！」

將外送來的豬排飯移到另一個容器裡，微波加熱，便升級成一道超越現做現炸、醬汁入味的炸豬排飯。對於這樣的作法，我給予十二萬分的肯定，我認為將獨身生活過得有聲有色的真紀子，銳利地點出外送餐點的美味本質，可說是直指核心。

外送的食物無可避免地或多或少錯失了餐點最美味的時刻，但這也是外送餐點的醍醐味，因為人有著將已錯失良機的扼腕之情轉化成另一種體會的能力。偶爾我有機會在午休時間剛過的時間點去到人家公司拜訪，曾經目擊過一旁的桌上擺著一盤蓋著保鮮膜、蒸氣已化成水滴積成一小灘水漥的什錦炒麵，心想叫這道外送餐點的人可以將它冷落在一旁，一心不亂地工作，我忍不住湧起敬畏之心。再怎麼忙碌、情況多麼不寬容，還是能接受外送，且讓自己與什錦炒麵彼此都久候多時才吃下肚，這家公司必定有能人。

排隊

所有人團結一致

常路過的那家通訊行上週終於沒人了，走進去想問問以前就搞不清楚的操作方法，沒想到走近櫃台一問，服務人員便說：「請您抽號碼牌到那兒等候叫號。」咦？一回頭見到從外面無法看到的店裡一隅，靠牆的沙發上已有兩位客人在等著。大受打擊的我，速速放棄，離開。

萬事都講究時機。比方說，最近越來越少見的街頭擦鞋站便是如此。車水馬龍的街上，走過時突然眼角瞥到擦鞋站的位子是空的，正等待客人上門，穿著皮鞋的男客總是會被吸引過去，伸出腳接受服務，從沒見過有人會特地站在後面等著的情形。特地去等，就打破了人家的行規。或是，趁著今天難得好天氣，將冬天的厚衣服整理好，奮力抱著一大包衣服想送洗，沒想到去到附近的乾洗店，發現大家想的都是同一件事，已有好多人在排隊。真是來得不巧，只好垂頭喪氣地撤退了。只要有兩個人以上在等，就已算是大排長龍了。

小時候也有一次印象深刻的排隊經驗。那是在一九七〇年八月，當時的我十二歲，跟著父母千里迢迢去到大阪參觀萬國博覽會，會場上到處都是排隊的人龍，長長地繞了一圈又一圈。展示著月岩[1]的美國館前，排隊的人潮有如雲霧繚繞般久久不散，在人龍的尾端擺放著「等待時間：三個小時」的立牌。

見此，我頭上傳來父母失落的聲音：

「要等嗎？」

「……」

於是我們家採取了先逛小館的作戰方式，然而沒想到連樸實無華的保加利亞館也是排了近一個小時，好不容易才能進去參觀。在酷熱的太陽下，所有人持續忍耐著，我父母則是三不五時嘆著氣。也正因為如此，在踏入館裡的那一刻所感受到的涼爽，以及生平第一次吃到真正的保加利亞優格之美味，至今依然印象鮮明。

無處可逃的排隊行列就足以讓人興致全失。光是看著人龍，就會讓我想起當年盛夏時分的萬國博覽會，腦中自動響起三波春夫[2]的歌聲。

不過，排隊也不盡都是壞事，偶爾也會有開心的排隊。比方說，跳繩，而且是團體跳繩。左右兩方各站一人手持跳繩的兩端，大幅揮動手臂將跳繩在空中畫出完美弧線。七、八人排著隊等著要進去跳，人數再慢慢地增加到十人、十五人。跳繩轉動的速度越快，難度越高，所有人也就跟著越緊張。每當排在最前頭的那個人等待著好時機朝跳繩的圓弧飛身而去的那一刻，「會不會絆到腳？會不會跌倒？」每一個人的心都合而為一，靜靜興奮地等著輪到自己上場的時刻，這種排隊便教人心喜。

還有，我每年都會去吃一次的鰻魚屋也要排隊。每次去都是梅雨季期間，然而不論天氣多糟，必定還是有不畏風雨的饕客排著長長的隊伍。聞著店內飄出的烤鰻魚香氣，聞得到吃不到仍莫名感到開心，唯有此時即使等上快一個小時還能覺得賺到了。然而有一年，不知是去的時間不一樣的關係嗎？竟然「只有」三個人在排隊，看到店門口難得空蕩蕩的光景，那一瞬間我竟然感到失落，卻又不禁覺得人少不用等還要嫌的自己未免太好笑了吧！

譯註

1 月岩，一九六九年七月二十日阿波羅十一號成功登陸月球，太空人阿姆斯壯等人在月球上採集的岩石，蔚為話題。

2 三波春夫，日本演歌歌手，日本萬國博覽會主題曲〈來自世界各國的朋友，你們好！〉之演唱者。

寿司大
内線二五九七
寿司大
江戸前
寿司大

傳單

混沌人世

常言道：「物以類聚。」在我身邊除了一個朋友以外，幾乎沒有人在記帳。理由多如牛毛，像是數學很差、沒有計畫、不會記……等等，每每驚覺自己花錢花得毫無道理時，當頭棒喝的感覺實在是太可怕了。另一方面，我那位記帳記了三十年以上的朋友（單身、高收入），說她已經習慣了看著月底結算的數字，為下個月精打細算。她會將手邊收集到的乾洗店、超市、肉舖……等，各商店的折價券瀏覽過一次，分門別類用長尾夾夾好收起來，定期確認使用期限，並在效期內用掉。能夠做到這點，我佩服得五體投地，不知該說她偉大，還是我們根本是住在不同的星球上。

不過，有一點我們彼此的意見是相同的，那就是完全不去碰廣告傳單。她的理由是：

「會擾亂心思。」

完全同意。廣告傳單有著滿滿的誘惑，使出渾身力量呼喊著「好便宜啊！超便宜的！」讓人很難抗拒。明明在看到傳單之前並不覺得有缺的東西，卻因為便宜而上鉤，管不住自己伸出手，之後才來後悔，得不償失。因此她主張「只在必要之時，依實際所需才購買，是最好的儉約之道。」真不愧是日日記帳的人，長年訓練之下得出的真知灼見。

不過，我在大阪的朋友身上學到了廣告傳單的新使用方法。拿來摺紙鶴、餐桌上的垃圾桶、反摺起來作成信封等都不算什麼，而是更厲害的用法。假設，今天想要換一台吸塵器，詳細的採購計畫第一步就是去蒐集量販店的廣告傳單，仔細核對比較之後，找出想買的型號以及可以打出最便宜價格的那家店，帶著這家店的傳單前往第二便宜的店。咦！為何不到最便宜的店去買就好？不是更省時省事嗎？對方答曰：

「拿最便宜的傳單去給第二便宜的店家看，告訴他們『你看，人家這麼便宜』，若是有心要爭取客人的店，就會給出更好的價格。」

據說這招十次有八、九次奏效，不得不佩服實在是有一套。可是這不就成了奧客嗎？我又問。沒想到對方劈頭就罵我笨，買了之後再雞蛋裡挑骨頭要求補償之類的才是奧客，買之前殺價稱為正當的價格談判——真是讓我啞口無言。

突然之間，某種想法在我腦中一閃而過，給了我靈感吟出這段詩來：

「不輸給雨　不輸給風　也不輸給廣告傳單的誘惑　細想今天這一天的需求　審慎檢討
確定欲購之物有其必要　確認家中無存貨　避免重複　敲敲計算機　不為逛街而逛街，要為買

而專程走進商店　絕不輕易改變心意　只買已決定要買的東西　我就是想成為那樣的人」[1]

可是沒有目的、隨意亂逛才是逛街購物的趣味所在，所以我想自己一輩子都無法變成那樣的人吧！很久沒從報紙裡取出一大疊的廣告傳單，我仔細地翻閱了一下，有地區的廣告、烘焙教室的開課內容、補習班課程介紹、超市特賣會、美容院的活動、百貨公司的特展、中古機器買賣、資源回收時間、外送便當菜單、防災備品特賣、乾洗店新裝開幕、小鋼珠店改裝通知、長照中心介紹、中老年人電腦教室招生……，真是一片混沌迎面而來。廣告傳單集合起來就是人生百相。接著，看著手中的這一張，是葬儀社的廣告單，我忍不住跟著上頭的資訊念了出來：「豪華牌位五二・五萬日圓起（含稅）」。

譯註

1 此為模仿宮澤賢治名詩〈不要輸給風雨〉。

NHK
東京新聞
作業員「本音書けない」
福島第一原発
でも旋風

草

生命的根源

有人將不吃肉的男性稱為「草食男子」，頗有嘲笑其生命力薄弱的意味，然而在自然界，吃下大量青草、養育出巨大身軀的牛隻，也同樣是草食，卻與生命力低弱的樣子一點也不相干。青草是生命的根源，對牛乳也有絕對的影響。法國東南部薩瓦地區（Savoie）所產的起司——波弗特乾酪（Beaufort Cheese）的美味便是來自青草。冬天，牛生活在牛舍裡，吃乾草所擠出的牛奶與夏天牛隻在阿爾卑斯山麓啃食新鮮青草、香草而生產的牛奶，兩者風味大不相同。有人形容，咬一口以夏天的牛奶做成的波弗特乾酪，嘴裡便滿溢著甘甜的蜂蜜風味，並散發著千種花香，是以起司迷們會將它奉為此生必吃的起司。

吃草，其實是一種使生命沸騰的行為。姑且不論「草食男子」這樣的稱呼是否帶著貶抑之意，然而摘草的這個動作，本身就帶有一種挑戰自然的果敢。能夠分辨、選擇各種迎天而生的青草之味，這種行為與其說是為填飽肚子，我認為還有主動要滿足、取悅味蕾的積極之意。

高中時，我在一本書中讀到在歐洲有一道蒲公英沙拉時，興奮得不得了。我雖已在布萊伯利[1]的小說裡得知這世上有蒲公英酒，但從沒想過蒲公英連葉子都可以食用，這道沙拉使用的是西洋蒲公英剛長出來的嫩葉。

於是我等不及春天的到來，騎著自行車衝去附近的田梗邊拔蒲公英葉。雖然懷疑這不起眼的小草竟然可做成沙拉，但一股焦躁的心情促使我不得不起而行來驗證。仔細地洗去沙土，捏了一根放進嘴裡，很快地從未體驗過的野生苦味刺向我的口腔，真的很難說那是「好吃」的味道。在那之後經過了二十年，我在義大利吃到蒲公英沙拉時，有種將多年卡在胸中的那口氣吞了下去的舒暢。那道蒲公英沙拉 Dente di Leone 嘗來仍是微微帶苦，搭配煎得酥脆的培根，淋上紅酒醋，是短暫的春天才吃得到，當地話意味著「獅子牙沙拉」的義大利名菜。

自從懂得欣賞蒲公英沙拉的美味，便也能接受各式各樣的辛香蔬菜如艾草、春菊、紅蓼、香菜、茴香、西洋菜等。這些界線模糊，不知該稱為青草還是香草的雜草，放進嘴裡細嚼，它們複雜、微微的苦味刺激著味蕾，頭腦也頓時清醒。

當青草走進了生活之中，懂得欣賞它們之後，與森羅萬象的呼吸也親近了起來。以園藝作為療癒的作家室生犀星就曾寫過一段話來描述園藝：

「處理魚時，拿刀朝正中央一砍的人必定不懂廚藝，剖魚得從魚腹或魚頭下刀才對。園藝也一樣，得從角落著手，留下庭院中心，一個人慢慢整理，然而即使將中心留到最後才來處理，也仍舊得面對難題，畢竟處理這一核心之地的手法，將決定庭園的生或死。」（《造庭之人》）

以庭園裡的草木為對象的人，看來雖是整天悠哉悠哉，然而手上的工作很講求細心周道，所以，就算被稱作是草食男也不要覺得難過，吃草也是需要大量能量的，請勇敢地對那些肉食女說「有種你來吃草啊！」

譯註

1 布萊伯利（Ray Douglas Bradbury），一九二〇－二〇一二，美國科幻、奇幻、恐怖小說家，代表作有《火星紀事》（*The Martian Chronicles*）、《華氏４５１度》（*Fahrenheit 451*）等。

墨汁
暗黑之味

我有時會在深夜裡磨起墨來。

好多年前，我去朋友開的書法教室跟他學寫書法。後來我雖因故暫時中斷課程，但可能也是因為這樣，偶爾就會好想念墨汁的味道。而且，比起白天，我一直都是在萬物寂靜的深夜裡，才更能夠親近書法。

要寫字時，必須準備書法用具。紙筆墨硯，即所謂的文房四寶。再加上硯滴（也叫做水滴）、文鎮、毛氈。仔細想想，這七項用具是從前小學時代書法課就有，至今未曾改變。甚至，從前平安王朝貴族喜歡吟詩作對，舉辦歌合戰[1]或歌會吟咏和歌的那時開始，寫書法所需的用具應該也就是這些而未曾改變過吧？光是想到此，心情就跟著愉悅了起來。

磨墨時，可不能墨條拿起來就使勁地磨。在硯台滴上少許的水形成一小灘水，墨條的前端輕輕碰到水的表面，輕而緩地前後移動，當指尖傳來些微的阻力，硯台的表面因濃稠的墨汁而閃亮時，即可停手。在磨墨的過程中慢慢注入靈魂，釋放出生氣的墨香，彷彿是有生命的。我心心念念的就是這香氣，吸了一口，招它從鼻腔進入體內，墨香整個充盈在我頭蓋底下的各處，令我陶然如醉。

仔細想想，寫書法的樂趣會不會就是來自於墨汁的誘惑？墨香帶人遠離世俗，無色無彩是枯淡的極致表現，然而其實墨黑是十分的豔麗。一個人靜靜地磨著墨，那過程有如一步一步走向無我之境。

一說到磨墨就興奮得忘我了，其實烏賊的墨汁也同樣令我喜不自禁。每到要處理烏賊時，總會提醒自己要小心不要刺破墨囊，但總是一再失手，老會把墨囊弄破，砧板、手指也都沾得黑黑的。而且烏賊墨汁頑固得驚人。章魚墨汁清爽如水，烏賊墨汁卻是有黏度，不好處理。不過這本來就是要牠在水中噴向敵人、製造煙霧以利逃生的工具，難洗是一定的，老是洗了又洗，卻無法馬上見效，於是指甲的周圍、指紋的紋路都被烏賊的墨汁給肆意入侵，十分難纏。

也因此，遇到墨魚麵或燉飯時，除了快速吞下肚之外，沒有更好的方法。因為不管再怎麼小心注意，總還是墨汁得勝，無可避免地會吃得滿嘴都黑了，甚至噴得臉上都是黑色點點，可是自己又看不到，更令人害怕了。然而仍抵擋不住想吃的衝動，都是因為墨魚汁裡潛藏的甜味，以及富含胺基酸的美味吧！墨魚汁裡有著無可取代的奇妙暗黑之味。

到底最早是誰想到要把烏賊的墨汁拿來吃呢？應該是與海參、海鞘等海味不同，是歪打正著在解剖烏賊時不小心刺破墨囊而發現的吧！沖繩的烏賊墨汁還是非得要烏賊的才能做成，不僅是巧妙地將原本被丟棄的東西拿來作為調味料使用而已，還做成了可治頭痛、發燒的瀉下藥[2]而代代流傳下來，沖繩人的智慧之深厚真是讓人佩服得五體投地。

昨晚，我又久違地磨起墨來。在家人都已就寢、四方寂靜的深夜，將熟悉的七項書法用具在書桌上擺好，拿起墨條磨了起來。好幾個月沒聞到的墨香迅速地充滿了我的頭頂，感覺得到遠方幽玄[3]的世界在向我招手。想想，來複習一下擱置許久的萬葉假名[4]吧！當手中吸飽了墨汁的毛筆筆尖觸碰到宣紙的那一瞬間，有個想法突然阻擋我進入幽玄的境界——如果用墨魚汁來寫書法，不知會怎樣？

譯註

1 指所有人分成兩組排隊，雙方最前頭的人得依題唱出相關的詩歌，以此來分勝負。是平安王朝時代貴族的社交遊戲。

2 漢醫古方之一，有通便、瀉熱、攻積、逐水的功效。

3 日本傳統三大美學概念「物哀，幽玄，侘寂」之一。幽玄意指「境生象外」。

4 在有平假名、片假名之前，只用來表示發音而無字面之意的漢字。主要用在萬葉集中、相對於正統的漢字（＝真名），因而得名。

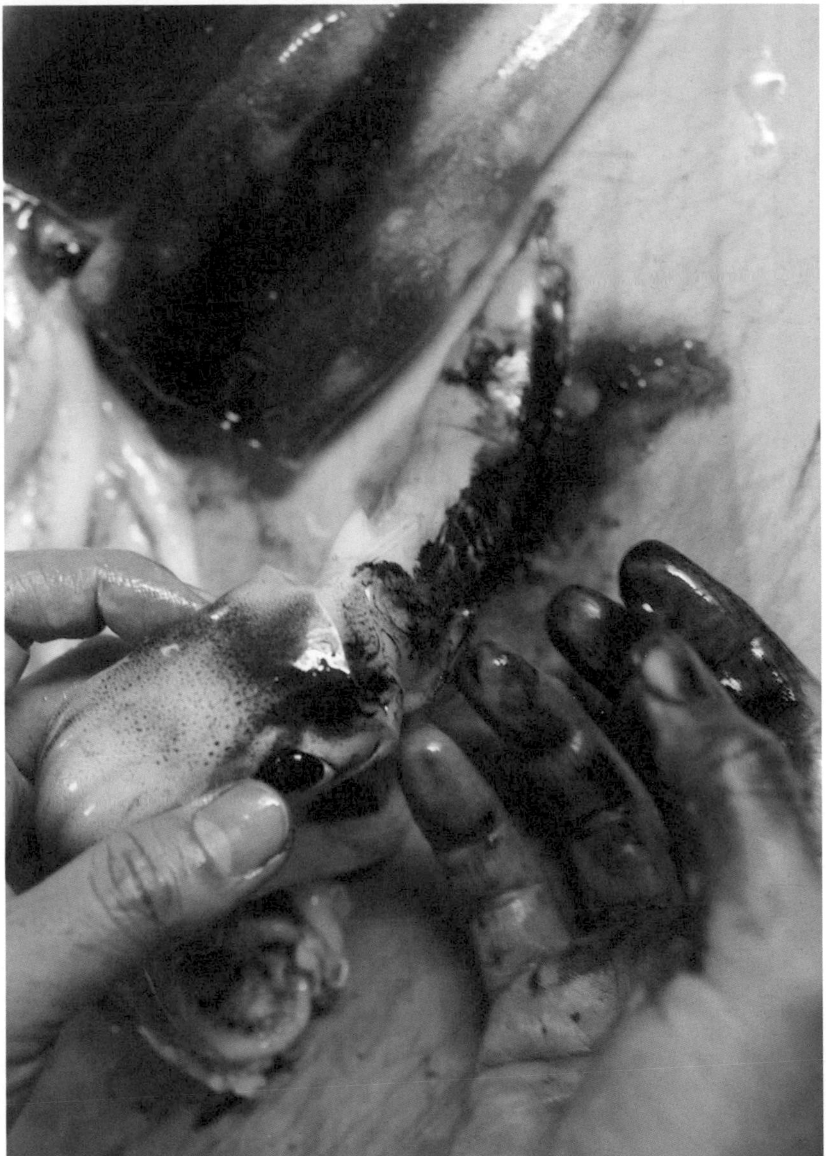

迷惘
人生的十字路口

走進定食屋，常不知該如何選擇。

那天早上與人開會，天南地北地聊了許多，結束時已中午了。我搭了地鐵，到兩站外的銀座去，買了文具，逛了兩間書店後，突然想起肚子還是空的呢！一看手錶，已經下午過一點了，好！是該吃飯了。

今天一定要吃到炸牡蠣定食，再不快吃，就要錯過當季最肥美的時節了吧！一想到此，不禁感到心焦，也忍不住加快了腳步。

掀開定食屋的暖簾走進去，成功滑進最後一個空位，低頭看起菜單。眼睛直直盯著那一行檢查、確認後，立即抬起頭來準備要點餐了，然而此刻店裡生意正好，店員忙得不可開交，看來只得耐心等候了，為打發時間，再次瀏覽菜單，看到炸豬排定食、炸竹莢魚定食、可樂餅定食、竹莢魚與可樂餅雙拼定食……，我竟然陷入天人交戰。

外場阿姨來了。

我的嘴巴不聽使喚地自動說了出來：

「我要竹莢魚與可樂餅雙拼定食。」

啊!?這是什麼意思?幾分鐘前我不是為了吃到炸牡蠣定食才掀起暖簾走進這間店來的嗎?我覺得自己的人格在選擇炸牡蠣與炸竹莢魚前後一百八十度大轉變。只要有兩種以上的選擇便可以形成人生的一大歧路，令人苦苦掙扎。

真想變成一個果斷的人啊！由於太常為了類似的事陷入自我厭惡，就連聽個落語[1]也能有這樣的感嘆。那是幾天前，我聽到了許久沒聽到的志生[2]的作品〈鰻魚幫間〉。

幫間是在宴會上或酒席間招呼客人、炒熱氣氛的表演藝人，也稱作男藝者或是太鼓持者（現今日本還有幾名專業的幫間呢?）回到〈鰻魚幫間〉，我查了錄音帶上的標示，是錄製於昭和三十一年（一九五六）。故事內容講述有名幫間在街上逛著，物色哪裡有人可以請他吃飯，在他的鷹眼掃射下，終於有個客人被他盯上了。明明不知對方的姓名，仍上前搭訕：「我說是誰呢！原來是大老闆您啊！」如此油嘴滑舌地成功說服了那位其實從未見過的老闆，請他吃了鰻魚飯。這段子中最厲害的是這太鼓持者舌燦蓮花，沒有一絲的遲疑。想到他使出渾身的幫間絕技對客人又吹又捧的模樣，不得不對他見招拆招步步進攻的技藝感到佩服，也同時醉心於志生的說話藝術。一瞬也不曾遲疑的行雲流水，多麼俐落、爽快。

可是，等等，幫間在某種意義上是超越人間的人物，反觀我這樣煩惱多多才是正常的凡人。若沒有懷疑迷惘就不會有新的展開，我就不可能吃到炸竹莢魚與可樂餅。日本上班族下班後一間喝過一間也是迷惘的產物。明明直接回家也可以，卻要一拖再拖，算是一種變形的迷惘。然而沒有比迷惘更讓人愉悅的事了。

在迷途上也許會遇上美麗的花朵。一想到迷路是被賦予選擇權的證據，突然對沒有餘裕可以迷惘的幫間感到悲哀。

譯註

1 落語為日本傳統表演藝術之一，形式類似單口相聲。

2 第五代古今亭志生，一八九〇－一九七三。戰後東京落語界代表之一。

カラオケスナック
ララ
居酒屋
ララ
2F
居酒屋
めくみ
一階

夕陽

一瞬的慶典

「門倉修造在燒洗澡水。

長長的雙腿疊起，蹲在灶口，熟練地使用全新的澀團扇[1]與竹製吹火筒，然而他身上的服裝怎麼看都與升火燒熱水八竿子打不著。」

這是向田邦子所著的《啊，嗯》開頭。故事描述門倉的好友水田仙吉隔了三年，被公司從地方分部調回東京，為此，門倉為他找了房子，打點好所有的家具用品，水田理所當然地接受了他的好意安排，表面上看來此事只為兩人的友誼增添了厚度，其實也潛藏了門倉與水田兩人妻子的交情。

小說中燒熱水的這一段讓人聯想到日暮之時便沒有繼續下去，在同名的改編電影裡，則將原作字裡行間淡淡的時間感以影像具體呈現出來。

這部電影的導演為降旗康男。與小說開頭同樣的這個場景，身穿以精細手工縫製的西裝，專注地升火燒洗澡水的男主角由高倉健飾演，而搭著火車朝東京而來的水田仙吉則是板東英二所飾，他的妻子多美、女兒里子兩角分別由富司純子、富田靖子來扮演。他們一家三口雙手提著行李風塵僕僕終於來到芝白金三光町，一踏進門倉為他們所租、完備到無可挑剔的房子，那一瞬間，整個大螢幕滿滿的、鮮明強烈的色彩擴散在背景之中。

那是一整面的夕陽之景，讓人以為看到了壯闊的巨幅繪畫，紅色與紫色融化混合在淡青色的畫布上，夕陽正在西下的天空。

雖只有短短幾秒的一個場景，但是在看到那夕陽的當下，卻已讓觀看者感受到了種種的情緒：新生活即將展開的興奮與期待；回到東京的喜悅與安心；對於朋友不求回報的對待感到過意不去。三人各自懷著不同心情的模樣，也一同融進那夕陽複雜的色調之中。

一日即將結束之際，西方往往因紅紅的夕陽燃燒著，將天空炫染成一片赤紅。很快地，平凡無常的日落突然一轉，變成熱鬧的慶典。夕陽預告著緊接而來的黑暗，同時也刺激著胸口強烈的鄉愁或無奈之情。這些情感原本被壓抑在胸口，卻在聽聞附近小學傳來的〈晚霞漸淡〉[2]的那一刻，便再也忍不住了。

那是一種似有歸去之處又回不去、一個人被留在原地的心情。小時候，每每抬頭仰望夕陽，總不知為何會感到哀傷，想起家來。即使是長大之後，類似的心情仍未消失。夕陽明明那麼美，然而每當看到忘神之際，又突然有種迷失自我的心情浮現，忍不住想要踢飛腳邊的石頭，這究竟是為什麼？然後，不知聞到哪家飄散出來的晚餐香味，才感到安心。因此，每每見到夕陽，那一瞬間總會呆立在原地。

因此，看到向田邦子那麼細膩描寫的情景在改編電影中變成夕陽西下的那一刻，我的目光盯在螢幕上，無法移開。因為有夕陽，最後那一幕才如此鮮明。水田一家三口推開玄關，進到全新的家中，開了燈的情景，也照亮了一種終於平安抵達的安心感。客廳的壁龕擺著門倉早已為他們準備好的整條鯛魚（昭和時代的日本人在喜慶之日，家中必定得準備一條有頭有尾的鯛魚，以示吉利）；包裝紙上特定寫著賀辭「祝榮升」的一升裝日本酒；打開米箱，裡面有滿滿的米；浴室裡已放好溫暖的洗澡水；就在此時，門倉叮囑店家外送的三人份鰻魚便當也抵達了……。

將天空染得正紅的夕陽，不經意地將人置於不安之中。正因有這種被世界遺棄的情緒，令人感到脆弱。然而，在這一刻抬頭看夕陽，也湧起了一種全天下只有自己一人獨占此情此景的錯覺。

坐在學校操場裡整地用的大滾筒上，彷彿全世界只剩下這夕陽，被我獨占了。　　穗村　弘[3]

譯註

1 以澀柿子發酵做成塗料塗在團扇和紙上，堅固耐用。

2 日本人最熟悉的童謠之一，一九一九年由中村雨紅作詞，內容為描寫家村日落時分之景，一九二三年日本童謠運動旗手草川信譜曲而成。曾在日本各地傍晚時分播放，作為提醒小學生回家時間已到的信號而廣為人知。

3 穗村弘，一九六二年生於北海道。歌人。語感敏銳，在創作、評論上都很活躍。

自転車を除く

小路

街道的走廊

「我阿公說，不可以走那條路。」

我帶著頭頂西瓜頭的小菊要走進那條路時，她靠過來低聲說了這句話，我聽不清楚回問：「啊？再說一次。」她不耐地皺起眉，再次拉近距離，「我說，那條路走進去就出不來了，是真的，洋子也最好記得不要走進去喲！」

小菊誇張的口氣讓我十分在意，但老實說，一直很想走那條路的我，被她這麼一說破，突然不知如何是好。

那是一條僅容一名成人通過的狹小巷弄，兩旁相連的長屋，家家的屋簷布滿鐵鏽，搖搖欲墜的鐵皮，老舊的木門，地上鋪的是水溝蓋，各戶之間預留的防火空間串在一起，連綿成了一條往深處去的小路。好天氣時抬頭看就是一條晴天空井，然而一到下雨天，鐵皮屋頂滴落的雨水在地上積累成小水窪，過好幾天仍是溼氣沉重。到了傍晚，一顆一顆未加燈罩的電燈泡散發出溫暖的橘黃色燈光，在燈光照射下有一條如藤蔓般蜿蜒的小路浮現，然而那小路稍微往右邊一彎便不見路的前方，不知道它會通向何處。那兒確實聞得到煮晚餐的味道，但也總是渺無人煙，閑靜無聲。究竟為何小菊的阿公會說那條路不可以走進去呢？

這種小路本來就不是「鋪出來」而是自己「長出來」的。大馬路是計畫中的產物，不論汽車、公車，甚或是路面電車都可以堂堂地通過，然而巷弄裡的小路，既然被稱為「小」路，理應是與「大」馬路相互對比，但事實上小路與大馬路完全不同，說到底是由於地理或環境的關係「自行長出來而形成的結果」，頂多就只容腳踏車通行而已。不過，如此一來反倒讓狗兒貓兒可以大步行走。走在這兒，與迎面而來的人擦身而過，簡直就像是走在街道的走廊下。「這種小路形成了一個宛如小說般的世界，伴隨著一種難以用言語形容，於生活的悲哀中自然而然、又深刻的滑稽趣味。」寫下這段話的，是眾所皆知、特別偏愛小路的作家永井荷風。就算不翻出他的著作《晴天木屐》，在遊逛這條與那條小路之時，也很容易就有種自己成了某戲劇或小說中的主人翁般廉價的陶醉感。

在小路裡真的很容易遇上神奇的事情。我曾在夜裡於上海舊租界的小路裡迷了路，遇見一群人玩著中國古老的遊戲——鬥蟋蟀，人們逗弄著蟋蟀，要牠們拚個你死我活，決定誰是蟋蟀王。這群狂熱埋首於鬥蟋蟀的男子，讓我有種錯覺以為他們是要來帶我一遊清帝國的導遊，一時搞不清楚自己身在何時何地，不敢輕舉妄動。又有次是發生在北海道根室的小巷子底，我推開了一扇看來像是一間極小的酒吧的門扉，出來迎接我的竟是身著夢幻長禮服的媽媽桑，為我送上兌水威士忌時，附上的下酒菜是色彩鮮豔的海鞘，令我目眩神迷還以為是誤闖了哪齣舞台劇的場景之中。去到那霸一定要逛逛安里榮町市場，它於昭和二十四年（一九四九）落成，是沖繩最早的公營市場，在戰前也是女學生，即後來以姬百合部隊[1]聞名的女學生之宿舍。小路，原來同時也是記憶著當地歷史之道。

小菊蹙眉指著的那條小路，我在長大之後過了很久曾試著去走一遍。當年的鐵皮屋頂、木門、水溝蓋等往日的影子全都消失殆盡，取而代之的是兩側蓋起了牆上塗了砂漿的房子，穿越其間的小路鋪了水泥，然而才站在路頭，那條令人懷念的、有如藤蔓般蛇行的小路便浮現眼前，正巧家家戶戶煮著晚餐的味道一如往常地飄了出來。當年小菊說「進去就出不來了」，可我才走個十公尺，就突然通到了商店街的中段，一下就出來了。

譯註

1 一九四四年十二月日本訓練了一批由沖繩師範學校女子部與沖繩縣立第一高等女學校的教師、學生所組成的護士，以照護日軍。

等待的時間

也是美味的一部分

姑且不管理由為何，當被迫花時間等待時，有人會不耐久候而坐立不安、顯得焦躁，也有人會耐著性子等，表現出來的行為大致可分為這兩種。

在數十年前，手機還被視為夢幻產品的那時代，「約好的對象遲遲不出現，你可以忍耐到什麼程度？」是會被拿來討論的話題。現在說來只會覺得好笑，然而從前等不到人得靠站前的留言板來聯絡（悠然的風情令我懷念不已），可是實際上存在的事。本想等個十五分鐘就回去了，但時間到了又很弱地想說如果自己前腳離開，對方後腳就到的話怎麼辦，於是決定再多等十五分鐘吧！就這樣沒有了斷的勇氣，一次又一次地重複著「再多等十五分鐘吧」，最後竟浪費了兩、三個小時。我有不少朋友都跟我抱怨過這樣的事，若約好沒出現的人只是記錯約定的時間那也就算了，如果是被放鴿子，日後說起可是怨念難消，我也只能默默地安慰朋友，聽他抱怨，同時也學到原來不論是等人或讓人等的時間，兩種都是在無言之中考驗著人的意志力。

自從我開始每天做菜，最先學到的便是「等待」這件事，換句話說就是「以時間換取美味」。料理有時是在美味降臨之前，除了等待之外，別無他法。

「也有人是不等的，但我認為不行，那樣做不出好吃的料理。」

穿著漿得硬挺的烹飪衫（割烹著）的老婆婆不假辭色地如此叮嚀，聽得我緊張到全身僵硬。為何會走到這一步呢？因為是三十多年前的事情，我無法完全清楚地回想起，大概記得是我與其他三、四個人一起去學素食料理，教我們的老師應該是個茶道老師，當時的事情已忘得差不多了，只有那冰冷的廚房地板竄上身來的寒冷，以及那段不容些許妥協的話，讓我想忘也忘不掉。

不過現在我可以懂了，等待的時間也是美味的一部分，燉物是最好的見證。關鍵其實不在煮，而是熄火之後，只是靜置，就能讓食物慢慢入味。

等待的時間也是調味的一環。紅酒燉牛肉、滷魚、關東煮、西式醋漬、味噌醃物，每一道菜都要等上「大概是這樣長的時間」，若無法滿足這個條件，之後不論再做多少的努力，最終的結果都一樣：枯燥乏味。這已經是超越了調味料、食材好不好的問題了。

可話說回來，在煮的過程不時掀起鍋蓋，多少可以安撫一下迫不及待的心情。還沒好嗎？差不多了。一旦確認到鍋中物已漸漸安定下來，開始閃耀著光澤了，便會讚美乖乖等待的自己，也更加有了繼續等下去的餘裕。我有個興趣是烘焙的朋友曾說過，蛋糕、麵包烤好之前，要經過一段時間等待才知成功或失敗，那真是一種修行。

等待的時間應該也為我們增添了許多人生滋味吧！站在與人約好要集合的地點，比方說東京車站的「銀之鈴」前，發車時間一分一秒在倒數，該來的人卻不見人影，都嚇出一身冷汗了，這時總會想問上天究竟是出了什麼難題來考驗人呢？

頭暈目眩

天旋地轉的恍惚

告訴我有那個小鎮存在的是Y，那時正當是花季。

「這附近有個叫櫻町的小地方，你知道嗎？」

我回不知道，Y便繼續說了下去。不過櫻町這個名字在好幾年前就已經從地圖上消失了，現在已換了個平凡的名字從一丁目到五丁目都納入同一區。你去那兒看看，到了那裡就知道我說的意思了。

被Y這麼意味深長地一說，幾天後，我便依著他從筆記本撕下來的紙上所畫的地圖，前往上述的櫻町去一探究竟。從車水馬龍的大馬路轉往住宅區的小巷裡，走沒多久便看到一條細細的水路出現。我沿著水路走並不時望著河道中淺淺的水流，碰上地圖上畫了記號的小小雜貨店後，便向右轉走進去。

一看到那景色，任誰都可以理解櫻町是因這個角落而得名的。一棵高聳的櫻樹與郵筒並排，因長得過於茂盛，還得橫向發展的樹枝上開滿了花，繁花錦簇構成一片桃色雲海。我心想著這就是那已消失的小鎮之地標啊！邊將視線緩緩向下移，突然屏住了氣息，僵立不動。

我感覺到時間之流放慢了速度，鎮上的住宅乍看之下並沒有任何特別之處，然而直到T字路底的兒童公園為止約有三十公尺左右的這個區塊，望過去就像是看著電影布幕般矇矓，因空氣稀薄時間的流動產生了歪斜。我馬上聯想到萩原朔太郎的《貓町》。朔太郎在秋天的山裡迷了路，好不容易走下山麓，來到「繁華美麗的小鎮」。

「我懷疑是不是看到什麼幻燈片投影？但仍一步步朝這個小鎮走近，於是自己踏進了這幻影之中。」

而我所在的鎮上也一樣不見任何人影，就連犬貓鳥兒的氣息都沒有。路的兩旁是一棟棟的房子，同樣是寂靜無人煙，連聲音、氣味都沒有的真空狀態。被誰奪走了知覺的恐懼油然而生，雞皮疙瘩都豎了起來，即使如此我還是再往前走了幾步，看見一塊招牌寫著「豆腐店」，當下有種得救了的心情，趕緊加快腳步向前，只見三片木框玻璃窗上薄荷綠的油漆斑駁脫落，內側垂著老舊的白色窗簾，隔壁的乾洗店也靜靜掛著藍色條紋窗簾。感覺此時要是有誰悄悄冒出來，臉上應該會掛著賽璐路片製的面具吧！說不定下一秒就是《貓町》一作中所描寫的原景重現：「家家戶戶的窗戶上都大大地浮現出長鬍子的貓臉，看上去像是一幅幅的畫像。」

我感到一陣天旋地轉，想抵抗卻又更加陷入漩渦之中。趕緊快步離開豆腐店，一直跑到T字路底的兒童公園才停下來調整呼吸，心驚膽顫地回頭去看，這才確認了眼前的風景是真實的，櫻町不是幻燈片投影出來的世界，耳邊彷彿聽得到Y的聲音：「是不是像我說的那樣？」

我踩著慌亂的腳步，好不容易回到最早走的那條大馬路上，首先映入眼簾的是一間蕎麥麵店。白色暖簾隨風飄盪，門前停著外送用的腳踏車，一見到此景，突然意識到肚子空空，馬上就被那店給吸了進去。一坐下來我便開口：

「請給我豬排丼。」

現炸的豬排熱得都快將人燙傷，麵衣上裹著入口即化的柔軟蛋汁，溼潤著口腔，濃濃的醬汁浸進白飯裡，與一旁的紅薑絲一起咀嚼，我的三魂七魄才漸漸歸位。溫熱的碗捧在手中，接受著它的溫度，這才想起以前曾經有次去雜司谷墓園掃墓，順便在廣大的園區裡遊逛，結束後走進車站前的食堂，為我安神鎮魂的也是同樣的豬排丼。

關於書中的照片

P50〈筋〉
東京・淺草 居酒屋「阿正」。

P58〈炸物〉
東京・吉祥寺 肉舖「家鄉」。

P96〈吸管〉
東京・西荻窪 西式甜點與法國料理「木芥子屋」本館2樓咖啡店。

P124〈展示櫃〉
大阪・難波 西餐「自由軒 難波本店」。

P130〈店長〉
東京・西日暮里「餃子的王將 西日暮里店」。

P138〈指甲〉
東京・銀座 壽司「青空」。

P146〈記憶〉
出自《西之旅》Vol.15（2007年、京阪神Lmagazine發行）。

P154〈吃飽〉
東京・西荻窪 中國料理店「萬福飯店」。

P164〈排隊〉
東京・築地市場內「壽司大」。

P172〈草〉
岡山・韮山高原「吉田牧場」。

P180〈迷路〉
東京・大井町的小路。

P184〈夕陽〉
東京・西小山 モニカハ通（NIMONICO）。

P188〈小路〉
東京・吉祥寺「口琴橫丁」。

P192〈等待的時間〉
東京車站・丸之內北口。

本書是由美食雜誌《*dancyu*》（PRESIDENT社）二〇〇二年一月號開始的專欄〈廚房的時間〉，二〇一〇年五月號至二〇一四年六月號之內容集結、修訂而成。

味道的風景 / 平松洋子 著 ; 王淑儀 譯 .
-- 初版 . -- 台北市 : 大鴻藝術合作社出版 , 2018.2
204 面 ; 13×19 公分
譯自 : 今日はぶどうパン
ISBN 978-986-95958-0-3 (平裝)
1. 烹飪 2. 食物容器

427.9　　107000634

味道的風景

今日はぶどうパン

作者　平松洋子
譯者　王淑儀
封面設計　CAGW.
排版　L&W Workshop
責任編輯　賴譽夫
行銷企劃　林予安
總編輯　林明月
發行人　江明玉
出版、發行　大鴻藝術股份有限公司—合作社出版
台北市一〇三大同區鄭州路八七號十一樓之二
〇二-二五五九-〇五一〇
hcspress@gmail.com
總經銷　大高寶書版集團
台北市一一四內湖區洲子街八八號三樓
〇二-二七九九-二七八八
ISBN 978-986-95958-0-3
定價　三二〇元
二〇一八年一月初版一刷

最新合作社出版書籍相關訊息與意見流通，請加入 Facebook 粉絲頁。
臉書搜尋：合作社出版
如有缺頁、破損、裝訂錯誤等，請寄回本社更換， 郵資將由本社負擔。